企画立案からシステム開発まで

本当に使える
DXプロジェクト
の教科書

下田 幸祐、飯田 哲也 著

日経BP

はじめに

　2020年2月某日、筆者が講師を務めた日経BP主催のセミナー「DXプロジェクトリーダー養成講座」には、全国各地から満員御礼の60人近い方に参加いただき、DX（デジタルトランスフォーメーション）に対する関心の強さを伺い知ることができました。

　一方で、セミナー受講者には「社長にDXをやれと任されたものの、何をどう進めていいか困っています」と戸惑いの声を上げる方が少なくありませんでした。

　今、世の中には「DXをやるべし」という風潮があります。人口の減少によりマーケットの縮小や人手不足が予想されること、またグローバル企業との競争が激化しているため、このような流れは当然です。筆者も今後、ますますデジタル技術を活用した革新的な商品・サービスを創りたい、業務のやり方を抜本的に改革したいと考える企業は増えてくると考えています。

　しかし上記のセミナー受講者のように、多くの企業担当者の方が、DXとは何か、どう進めればいいのかについて悩んでいるのではないかと思います。

　また、基幹系システムの開発に慣れ親しんだSIerやシステム開発会社も、DXに対応しなければならないという思いはあるものの、基幹系システム開発とDX開発は何がどう違うのか、どう対処していけばいいのか、頭を悩ませている会社が多いのではないでしょうか。

　筆者は長年、ウオーターフォール型の基幹系システム開発プロジェクトを推進する仕事に携わってきました。しかしここ数年は、AI（人工知能）やIoT（インターネット・オブ・シングズ）を活用したDXプロジェクトやデジタルマーケティング基盤開発系プロジェクトを推進することが多くなってきています。

　その中で、AI案件では、AIを用いたサービスの企画や機能要件の定義など現場レベルの仕事も体験し、実際に多くのトラブルに直面しました。IoT案件では某企業の全社的な取り組みであったことから、意思決定や会社全体の巻き込み方、説得のさせ方などの難しさに直面しました。デジタルマーケティング案件では、サービス開発にスピードが求められたことから、品質を考慮しながら計画通り推進していくことの難しさにも直面しました。

　しかし幸い、いずれのプロジェクトでも、ユーザー企業側や各種関係会社の協力を得て、多くの課題を1つひとつ解決し、無事にリリースを迎えることができ

ました。

これらの体験を通じ、基幹系システム開発にはない"DXプロジェクトならでは"の推進のノウハウをまとめたものが本書です。

DXプロジェクトは、発注側であるユーザー企業側、SIer・システム開発会社側が双方協力していかないとうまくいきません。このため、ユーザー企業側の方も、SI企業側も両方の方が読めるようにまとめています。

ユーザー企業側では経営企画室や事業企画、マーケティング部門やIT部門の方、SIer・システム開発会社では経営者や役員の方、またプロジェクトを営業、リードする立場の方々、またこれからDXに取り組んでいきたいと考えているすべての方にご覧いただければと思います。

また、本書ではDXの概要やDX案件の進め方について断片的なノウハウを紹介するのではなく、DX企画・構想策定の仕方から、実現に向けた開発の進め方まで、プロジェクトのすべての工程のノウハウを紹介しています。

第1章ではDXプロジェクトと基幹系プロジェクトの違いをまとめ、DXプロジェクトを推進する際のポイントを解説しています。また、成功するアジャイル開発プロセスの前提条件や取入れ方についても解説しています。DXだからといって即アジャイルではないことをご理解いただけるでしょう。

続く第2章では、最も難易度が高いと言えるDXの企画・構想フェーズの進め方を、具体例をもって説明しています。

第3章では、PoCやテストマーケティングの実施方法を記載しています。開発するサービスのコンセプトが実現可能かを検証すること、想定する利用者にサービスの内容を確認してもらうことは、DXプロジェクトでは必須のプロセスと言えます。

第4章では、AI機能要件定義や非機能要件も含め、要件定義の進め方についてまとめています。構想フェーズで定義したサービス要求を基に、システム要件や業務要件をどのように決めていくのかを詳しく解説します。

第5章では、設計工程からリリースに至るまで、発注者側として何をすべきかを取り上げました。

最後の第6章では、DXプロジェクトは誰にどう発注すべきかをまとめていま

す。プロジェクトにおけるフェーズごとの発注の勘どころが分かります。

　なるべくイメージがつきやすいよう、具体的な例を挙げて執筆するように試みています。本書が皆さまの DX に対する不安や悩みを解決する一助となれれば幸いです。

2020 年 3 月
株式会社 JQ
代表取締役社長 下田幸祐
取締役 飯田哲也

CONTENTS

CONTENTS

本書は「日経クロステック ラーニング」に2019年8月～2020年3月に掲載したWeb講座「DXプロジェクトの進め方」に加筆・修正して再構成したものです。

第1章
DXプロジェクトを理解する

1-1　DX プロジェクトと基幹系システム開発の違い

基幹系が得意な会社が DX で失敗する3つの理由

DX プロジェクトの進め方は基幹系システム開発プロジェクトとは大きく異なる。基幹系システムでは業務要件という正解があるのに対し、DX プロジェクトでは要求・要件が決まっていないからだ。

　技術の進化に伴い、それらを活用したデジタルトランスフォーメーション（以下、DX）に取り組むプロジェクトが増えています。DX という言葉には様々な解釈がありますが、一般的には、デジタル活用によって既存の事業モデルを根本的に変えるような取り組みを指します。もう少し具体的に言うと、AI（人工知能）や IoT（インターネット・オブ・シングズ）などを用いて新たなサービスを生み出したり、既存事業の収益構造や業務の在り方を変革したりするものです。

　新たなシステム開発を伴う DX プロジェクトには成功事例も出ていますが、苦戦している企業も多数あります。「PoC（概念実証）ばかりで具体的な成果が出ない」「手掛けているのは一部の部門だけで、全社的な取り組みにつながらない」という声も多く聞かれます。

　IT ベンダーなど DX プロジェクトを受託する側としても、DX をリードできる人材がいない、どう進めたらいいか分からないという課題を抱えている会社が多いのではないでしょうか。

プロジェクトの進め方が大きく異なる

　従来、多くの IT ベンダーは、基幹系システムなど業務システムの開発を通じて成長してきました。しかし、基幹系システム開発プロジェクトと DX 開発プロジェクトでは多くの点が異なります。その違いを踏まえずに、基幹系システム開発プロジェクトと同じ進め方をすると、DX プロジェクトはうまく進みません。

　筆者はプロジェクトマネジメントのプロとして、複数企業の DX プロジェクトの運営を手掛けてきました。それ以前は基幹系システムの開発にも携わっていま

したが、DX との違いを痛感しています。

　第 1 章では、これまでの筆者の経験を基に、DX のプロジェクトマネジャー（PM）やリーダーが、プロジェクトをうまく進めるポイントを解説します。従来型システム開発プロジェクトとの対比も交えながら、一から説明します。

　1-1 ではまず、基幹系システム開発プロジェクトと DX プロジェクトの違いを整理します。そして、DX プロジェクトを円滑に進めるために最も意識しておかなければならない重要なポイントをまとめます。

基幹系システム開発との3つの違い

　基幹系システム開発と DX の違いはいろいろありますが、筆者がプロジェクトの推進に大きく影響を与えると感じるポイントは 3 つあります。「プロジェクトの内容」「採用技術」「体制」です（図 1）。

　このうち IT ベンダーなど DX プロジェクトを請け負う側が押さえておくべき最も重要なポイントは、「プロジェクトの内容」の「要求・要件が決まっていない」という点です。これは、「正解がない」ことを意味します。

　筆者もいくつかの現場で見てきましたが、従来型システム開発を請け負う IT ベンダーの思考では、どうしても顧客であるユーザーに対して「要件を出してください、決めてください」といった態度で接しがちです。これまでは業務要件と

	基幹系システム開発プロジェクト	DXプロジェクト
プロジェクトの内容	要求・要件が決まっている	要求・要件が決まっていない
採用技術	実績のある技術	AIなど実績のない技術
体制	業務部門・IT部門	企画、マーケティング、商品開発、ITなど複数部門が関係することが多い

図1 基幹系システム開発プロジェクトとDXプロジェクトの違い

いう正解があったのでそれでもよかったのですが、DX プロジェクトではユーザーも「何をやりたいかと言われても、よく分からない」のが本音です。

　AI などを活用した新しいビジネスやサービスを作るわけですから、明確な答えを持っているユーザーはまれです。手探りで仮説を決めて、まず世に出して人々の反応を見るしかないのです。

　このため、DX プロジェクトで開発チームの PM やリーダーに求められるのは、「ユーザーと一緒に要求や要件を決めていく」姿勢です。ユーザーのビジネスとAI などの技術の両方を踏まえたサービス内容を提案する必要があります。

手戻りを前提にスケジュールを組む

　次に、「使う技術」について見ていきましょう。多くの DX プロジェクトで AIが選択肢に挙がりますが、AI を導入するサービス開発は高いリスクをはらんでいます。というのは、プロジェクトのスケジュールを決めても、その通りにいかないことが多いからです。

　基幹系システムの開発では多くの場合、技術的に実績のある、いわゆる "枯れた"製品を採用します。これに対して AI 開発は、プロジェクト内で製品の基礎研究をするようなものと言えます。

　具体例を見てみましょう。AI 開発の中でも「教師あり」と呼ばれる機械学習システムの開発は、多くの場合、図 2 のようなプロセスで進めます。教師ありとは、コンピューターに正解データ（教師データ）を学習させて精度を高めていく方法のことです。

　例えば、③の「対応するデータ収集・加工」の段階で必要な教師データをなか

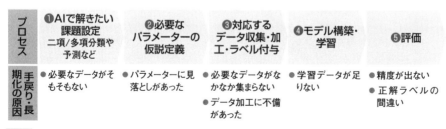

図2 教師あり学習のAIを用いた開発プロセスと手戻り・長期化の主な原因

なか提供してもらえない、またはデータの不備がある、といったことは決して珍しくありません。⑤の「評価」でどうしても正解率が高まらず②「必要なパラメーターの仮説定義」からやり直すことも日常茶飯事です。場合によっては①「AIで解きたい課題設定」まで立ち戻ることもあります。

　このように、かなりの確率で手戻りが発生します。初めから、スムーズに⑤の「評価」をクリアするところまでいくことの方がむしろまれです。

　このためアイデアの実現性を確かめるPoCのようなアプローチが必要になるわけですが、現実問題として、ある程度開発サイクルを何度も繰り返す前提でスケジュールを組む必要があります。またそのことを経営者に説明して、理解してもらう必要があります。

複数部門、役員の巻き込みが不可欠

　最後に、体制面について解説します。DXは新しいビジネスやサービスを生み出すプロジェクトなので、ユーザー企業の1つの部門内だけで進めることは少なく、複数の部署が連携するのが普通です。プロジェクトの内容にもよりますが、企画部門、マーケティング部門、業務部門、IT部門などが関係します。

　これらの部門のそれぞれにおうかがいを立てながら進行すると、意見もまとまらないし、間違いなく時間がかかってしまいます。そのため、プロジェクトを請け負ったITベンダー側からユーザー側に組織横断的なチームを作ることを提案したり、社長や役員が直接意思決定する枠組みを作ってもらったりすることが重

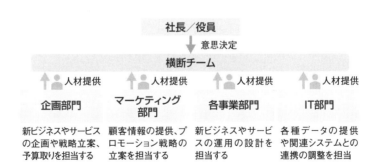

図3 DXプロジェクトを進める際の望ましい体制

要です（**図 3**）。

　また各部門から長期的な協力を仰ぐために、部門長への情報共有は必ず必要になります。プロジェクトの検討内容や状況を、プロジェクト計画書として常に見える化しておくことも重要です。

　以上を踏まえて、DX プロジェクトを手掛ける PM やリーダーが、プロジェクトをうまく回すための 3 箇条をまとめます。

・DX プロジェクトでユーザーに要件を求めるな、むしろ提案して一緒に決める
　べし
・PoC は 1 回ではなく、何回か開発サイクルを回す前提のスケジュールを引くべし
・ユーザー側に横断検討チームを組織してもらい、役員クラスを意思決定者とし
　て巻き込むべし

　これらのポイントに DX プロジェクトの現場でどう取り込んでいくのか、1-2 以降で具体的に説明していきます。

要件を求めてはいけない プロマネに必要な3つの行動

DX プロジェクトでは、開発するシステムで実現するサービスの要求・要件と、そのサービスの運営に必要な業務の要求・要件の 2 つを定義する必要がある。そのためにプロジェクトマネジャーには、利用する技術の使い方を理解し、競合や類似の事例を把握しておくことが求められる。

　DX プロジェクトを上手に推進するには、従来型システム開発とは異なるノウハウが求められます。中でも重要なものの 1 つが、「DX プロジェクトではサービスの構築主体であるユーザーに要件を求めてはならない」ことです。

　DX プロジェクトは大きく 2 つに分類できます。1 つは新商品・サービス創出型のプロジェクト（以下、新商品・サービス系 DX と呼びます）、もう 1 つは業務改革型のプロジェクト（以下、業務系 DX と呼びます）です。

　業務系 DX プロジェクトは、AI（人工知能）や IoT（インターネット・オブ・シングズ）といった技術を活用して従来の業務を効率化するなどの「既存業務がある」ものと、これらの技術を用いてこれまでできなかったことをするなどの「既存業務がないもの」に分かれます。

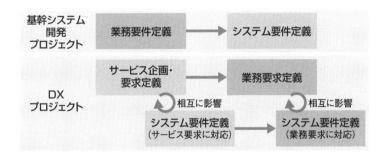

図1 基幹システム開発とDX開発の要件定義プロセスの違い

　既存業務があるものについては、やりたいこと＝要求さえ決まってしまえば既存の業務要件があるため、基幹系システム開発の流れと大きくは変わりません。しかし、既存業務がない業務系 DX プロジェクトや、新商品・サービス系 DX プロジェクトは、"要件" というものがありません。そのため、基幹システム開発とはプロジェクトの進め方が大きく異なります。

　特に、新商品・サービス系プロジェクトは、その複雑性や影響範囲の広さから、最も難易度が高いと言えます。そのため本書では、この新商品・サービス系 DX プロジェクトを念頭に置きながら、その進め方を説明していきます。ここを押さえておけば、業務系 DX プロジェクトにも応用が利きます。

　DX プロジェクトでは、システムを開発するに当たって 2 つの要求・要件を定義する必要があります。新規に開発するシステムで実現するサービスの要求・要件と、そのサービスの運営に必要な業務の要求・要件です。

　基幹系システム開発では、既存の業務プロセスをシステム化することが主たる目的のため、業務要求・要件のみを決めれば事足ります。これに対して DX プロジェクトの場合、新規事業など全く新しい取り組みのため、業務が先にあるわけではありません。

　まず「何をしたいのか」というサービス要求があり、そのサービスを実現するためにどんな業務を行うのか、という順で定義していきます（**図 1**）。

PMに求められる3つの行動

　では、サービス要求や業務要求の整理作業に PM（プロジェクトマネジャー）やリーダーはどう関わるべきでしょうか。サービス要求や業務要求を決めるのはユーザーだからただ待っていればいい、という発想では DX プロジェクトは決してうまくいきません。

　DX プロジェクトでは、ユーザー側に新規サービスの企画経験者がいることはまれです。ましてや AI（人工知能）や IoT（インターネット・オブ・シングズ）といった新技術を用いたサービスの企画については、なおさら少なくなります。

　ユーザーに企画を丸投げしているだけだと、なかなか企画が固まりません。そのままプロジェクトが形にならずに終わってしまう、企画が固まったとしても非現実的な中身になるということになりかねません。

こうした事態を避けるためにどうしたらよいか。PM には、以下の 3 つの行動、動き方が求められます。

(1) AI などの最新技術の「使い方」を理解する
(2) 競合・類似事例を常に把握しておく
(3) 要求・課題を積極的に整理・提案する

以降、それぞれについて説明していきます。

(1) AI などの最新技術の「使い方」を理解する

例えば、AI と聞いて何ができるか、ぱっと思い浮かぶでしょうか。ディープラーニングや機械学習などの意味を説明できるでしょうか。こうした最新技術に関する基本的な知識を持っておく必要があります。

とはいえ、AI についてだけでも様々なキーワードがあり、すべてを理解するのは困難です。例えば、機械学習のアルゴリズムにまつわる用語に「ロジスティック回帰」「ナイーブベイズ」などがありますが、それぞれの具体的な処理内容までの理解が必須なわけではありません。PM として重要なのは、最新技術を使って「何ができるのか」を理解しておくことです（図 2）。

AI を用いたシステム開発には、いくつかのパターンがあります。属性データや

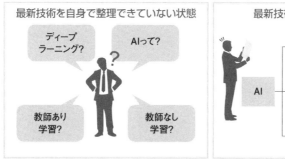 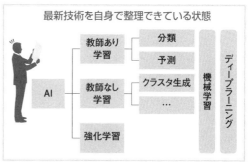

図2 最新技術を理解できているPMと、できていないPMの差

履歴データ、ログデータや画像ファイルを用いる場合は、分類や予測がメインです。分類とは雑多なデータをいくつかのグループに仕分ける仕組み、予測とは今あるデータを基に将来の状況などを推測する仕組みです。

　AI 活用の代表例と言えるディープラーニングによる画像認識は、分類の一種です。画像に映っているのが猫かどうかを判別する、防犯カメラに映る人の動きで怪しいかどうかを判別する、といったものです。

　文章などのテキストデータを扱う自然言語処理では、翻訳や文章要約・生成などを実現します。利用者からの問い合わせに回答するチャットボットも、質問に対する最適な答えを探す自然言語処理の一種です。

　こうした AI の用途、つまり「AI で何ができるのか」を理解しておかないと、夢物語のサービス企画になってしまいます。技術の要点を理解していれば、その企業の強みを生かした AI の提案ができるようになります。

　AI の場合、企業の強みとして重要な意味を持つのがデータです。AI 開発には、データが不可欠です。その企業がデータを十分に持っていない場合、いくら優れた企画でも実現できません。企業が保有しているデータと AI の使い方は、常にセットで考えるべきです。企画作業の 1 つとして、企業の保有データの洗い出しをしておくことも重要です。

　機械学習エンジニアやデータサイエンティストがプロジェクトにいるから、最新技術について詳しくなくても大丈夫、と思う人がいるかもしれません。しかし、プロジェクトの現場では、こうした専門家の話す技術用語が難解で、他のメンバーが十分に理解できないという問題が起こっています。自身が使い方を理解できていないと、その企画の実現性が自信を持って判断できません。

　PM としては、自分なりに技術の要点をしっかりと理解し納得して、自分の言葉で説明できるようにすべきでしょう。

　AI に限らず、IoT や RPA（ロボティック・プロセス・オートメーション）でも同じです。その技術で何ができるのかを PM が押さえておくことは、DX プロジェクトを円滑に進める上で非常に重要です。

（2）競合・類似事例を常に把握しておく
　AI などの最新技術の内容を把握する過程で、恐らく、ユーザーの競合や類似

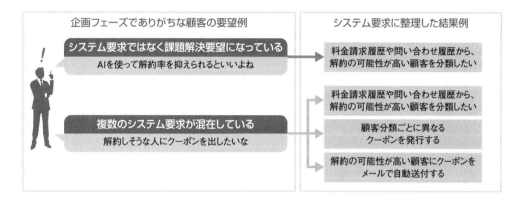

図3 顧客の要求を構造化・具体化していく

企業の事例を知ることになります。ここで得た情報は、非常に重要です。

　後述するように、DX プロジェクトではシステム開発を請け負う立場であって
も積極的に提案していくことが求められます。提案できるネタを多く持っておく
ことはユーザーにとって大変価値があることですし、信頼される PM になるため
にも有効です。

　企画フェーズだけでなく、設計フェーズでユーザーインターフェース（UI）や
ユーザーエクスペリエンス（UX）を検討する上で、他社事例は大いに参考にな
ります。「他社ではこんなことをしています」と常に言えるような準備をしてお
きましょう。

(3) 要求・課題を積極的に整理・提案する

　基幹系システム系の開発に長く携わっていると、要件はユーザーに決めてもら
うべきものだという考えが染みついている人もいるでしょう。しかし、DX プロ
ジェクトでは、ユーザーの企画をただ待っているのではなく、AI などの技術で
できることを押さえつつ、常にユーザーと一緒になって企画や要求、要件を整理・
提案していくような振る舞いが求められます。

　ここで言う「整理」とは、ユーザーが出したアイデアを構造化・具体化し、実
現性や優先度の評価を支援することを指します。

　企画フェーズの場合、ユーザーの要求が実は要求ではなくただの課題であったり、様々なシステム要求が 1 つの要求に混在したりします。開発する側の仕事としては、**図 3** のように、これを**構造化・具体化していく必要があります。**

　構造化・具体化すると、「こういうこともできそうだね」「これは諦めよう」など、新しい発想が生まれてきます。開発側としても、「こんなことができると思います」と積極的に提案することで、ユーザーにとってより良い企画になっていきます。

　特に DX プロジェクトでの企画フェーズでは、ユーザーから多種多様の「やりたいこと」が出てきます。それらの実現性の評価を適切に行うためにも、受託側がきちんと要求の整理をすることが不可欠です。

　具体例で考えてみましょう。ユーザーから、以下のようなアイデアが出たとします。PM であるあなたは、実現性をどう評価しますか。

例：サービス利用者の SNS（交流サイト）でのつぶやきで、解約しそうな気配を検知したい

　一見、AI を使えば実現できそうにも思えます。しかし、SNS のつぶやきデータは、サービス利用者自身が承認しない限りは取得できません。Twitter はつぶやきデータを取得する API（アプリケーション・プログラミング・インターフェース）を公開していますが、全利用者に対して公開されているつぶやきしか取得できません。このように十分なデータが取得できない場合、基本的には AI の開発はできません。

　実現性の評価は、データの十分性だけでなく、開発コストや開発の難易度（技術的難易度だけでなく、サービス利用者の協力を得るための難易度、関連するシステムの調整の難易度など）を、複合的な視点で行う必要があります。PM としては、こうした多面的な検討ができるように、アイデアを整理することが求められます。

不確実性に立ち向かえるチームを作る

　企画フェーズで実現性があると判断されても、その後のフェーズで多くの課題

が出てくることもあります。想定していたデータがすぐに手に入らない、不十分である、AI の精度が出ない、IoT で採用予定だった機器の開発が遅れる、などのケースです。DX プロジェクトは、とにかく不確定要素が多いのです。

　このときに、ただ状況が変わるのを待つのではなく、自ら解決に向けて状況整理と提案をしていくことが、DX プロジェクトを成功させる秘訣です。PM は受け身になってはいけません。開発を依頼する側も請け負う側も一緒になって、変化に柔軟に対応できる、チームメートという関係を作っていくことが大事です。

1-3　DX プロジェクトの開発プロセス

サービス企画から始める
開発の全体像を理解しよう

DX プロジェクトでは新しいサービスを開発するため、既存業務が存在しない。
システム開発のプロセスではまず、サービスの企画とサービス要求定義を行う。
PoC（概念実証）やテストマーケティングを通じて企画の検証や見直しをするこ
とも重要なプロセスである。

　DX プロジェクトのシステム開発の流れは基幹系システムとは異なります。で
は、どんな手順に沿って進めればよいのでしょうか。
　まず、DX プロジェクトの開発の流れ（以下、開発プロセスと呼びます）の全
体像を見てみましょう。**図1** に、DX プロジェクトの代表的な開発プロセスを示
します。プロジェクトの内容や予算・体制などによって適切な開発プロセスは異
なりますが、「AI（人工知能）や IoT（インターネット・オブ・シングズ）など
リスクの高い新技術を利用する」「新規顧客向けサービスを開発する」といった
DX によくあるプロジェクトの場合、こうした開発プロセスが1つのモデルにな
ります。
　図1を一見して、「ウオーターフォール型だ」と意外に感じたかもしれません。

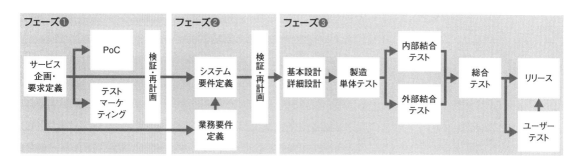

図1 DXプロジェクトの代表的な開発プロセス

DX プロジェクトの場合、要件定義から設計、開発と順を追って進めていくウオーターフォール型ではなく、短いサイクルで開発やテストを繰り返すアジャイル型が適していると考えている人は多くいます。

　しかし、実は DX に常にアジャイル型が適しているとは限りません。ウオーターフォール型が向いているプロジェクトも多数あるのです。

　そこで今回は、図 1 のようなウオーターフォール的な開発プロセスを基に、プロジェクトの進め方をフェーズごとに解説します。アジャイル型を採用すべきなのはどんなときか、どのように取り入れるべきかについては、1-4 で詳しく説明します。

サービスの企画と要求定義をする

　まずフェーズ①で、サービスの企画と要求定義を実施します。DX プロジェクトでは新しいサービスを開発するため、既存業務というものが存在しません。

　そこで、まずはサービスの企画とサービス要求定義を行います。それぞれについて説明しましょう。

　まずサービスの企画とは、以下の 3 つを明確にすることです。

・顧客（サービス利用者）は誰なのか
・どんな課題を解決するのか
・何を使って解決するのか

　これが曖昧だと、要件定義段階で、何を盛り込むべきか判断軸がぶれてしまいます。この 3 つは、しっかり決めておく必要があります。

　この 3 つがしっかり決まっているように見えても、そこに利用者視点での分析がなされていない企画に触れる機会も多くあります。この手の企画は、本当にその課題やニーズが存在するか確認が取れていないため、失敗する（誰も使わないものが出来上がる）リスクが高くなります。

　次にサービス要求定義とは、企画案を実現するためにどんなデバイスでどのような機能を必要とするかを列挙することです。例えば以下のようにまとめていきます。

IoT の DX プロジェクト例
・振動モニタリングの IoT を用いて振動状態から故障予測を行う
・利用者のスマートフォンに故障リスク通知を行う

AI の DX プロジェクト例
・過去の日ごとの注文データを用いて最適なスタッフ数を予測する
・予測結果を店長にメールで通知する

PoCやテストマーケティングを実施して見直す

　サービスの企画・要求を受けて、ここで実施するのが、PoC（概念実証）やテストマーケティングです。これらを通じて企画の検証や見直しをします。このプロセスが、最も DX プロジェクトらしいプロセスと言えます。

　AI などの新しい技術を用いて未知のサービスを開発する DX プロジェクトでは、ウオーターフォール型で最初に要件を厳密に定義した場合、その通りに開発するには様々なリスクがあります。PoC やテストマーケティングといった工程を設けて企画を検証し、必要に応じて見直しや修正をします。それぞれについて説明しましょう。

　PoC は、その企画やアイデアが実現可能かを検証する作業です。AI や IoT を用いたサービスの場合、最も起こり得るリスクは「精度が出ない・実用に耐えない」というものです。AI であれば学習に用いるデータに十分な量があり、かつ質が高くなければ、精度は出ません。

　それ以外にも、エンジニアのスキル、利用するアルゴリズムの適性など、さま

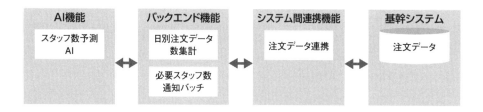

図2 サービス要求を基にシステムの機能や構成を定義する

ざまなリスクが潜んでいます。これらのリスクを排除するために、PoCを最低でも2回、できれば3回程度繰り返すとよいでしょう。もちろん、際限なく繰り返すことはできないので、例えば3カ月など期間を決めて実施します。

　テストマーケティングは、PMF（Product Market Fit：プロダクトマーケットフィット）を確認するために実施します。開発しようとしている製品やサービスが、マーケットつまり利用者のニーズに適合しているかを検証するものです。数千万円や億円単位の多大なコストをかけて、誰も使わないサービスができたという悲劇は現実によくあります。これを避けるため、モックアップやプロトタイプなどのMVP（Minimum Viable Product：検証可能な必要最小限のプロダクト）を用いて、想定する利用者にサービスのイメージを確認してもらい、早めにフィードバックを受けて、PMFのミスマッチを少しでも防ぐことが重要です。

　PoCやテストマーケティングを実施したら、その結果を検証します。実用に耐える精度なのか、顧客ニーズに応えるサービスなのかなどを検証し、このまま開発を進めるべきか、PoC期間を延長すべきか、サービス内容自体を見直すべきかなどの再計画を行います。

　仮に先に進む場合でも、そのまま進行することはまれです。多くの場合、PoCの結果やテストマーケティングの結果を受けて、企画・要件の見直しが必要になります。見直しをした上で、フェーズ②に進みます。

システム要件定義、業務要件定義

　フェーズ②では、システム要件定義と業務要件定義を実施します。まずサービス要求を基に、システム要件を決めていきます。

　具体的にはサービス要求の内容から、必要な入力データ、処理の内容、出力データの整理を行い、機能やデータの一覧を定義します。機能・データの整理後、**図2**のように、システムがどのような構成になるかも定義していきます。

　業務要件定義とは、サービス要求を満たすためにどのような業務を行うかの概要を、業務フローとしてまとめることです。

IoTのDXプロジェクトの業務要件例
・故障予測検知後のメンテナンス提案

・日程調整業務のフロー

AI の DX プロジェクトの業務要件例
　　・必要スタッフ数予測を受けてのシフト生成業務フロー
　　・予測に対する結果の入力業務フロー

DXでもシステム設計は必須

　フェーズ③で実施するのは、システムの設計や実装、テストです。順に見ていきましょう。

　まずは基本設計や詳細設計です。DX プロジェクトだからといって、設計が不要なわけではありません。例えば図3のような構成のシステムを開発する場合、ユーザーインターフェースなどのフロントやバックエンドの機能、その他モジュールの整合性を確保するために、設計は必須です。

　また、AI もブラックボックスでよいわけではありません。どのような入力データを使うか、そのデータを基にどのような特徴量（AI で解きたい課題を特徴づけるもの、パラメーター）の設計をしているのかといったことはまとめておかないと、システムの保守ができなくなります。

　一方でサービスである以上、要件や仕様は変わりやすい（変えていく必要がある）という特性があります。そのため、設計段階で作るのは最小限の設計ドキュメントに抑えることが重要です。また、基本設計のドキュメントと詳細設計のド

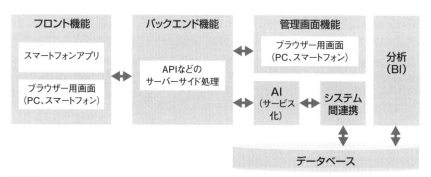

図3 顧客の要求を構造化・具体化していく

キュメントを別々に作ってしまうとメンテナンスの手間が多大になってしまうので、できるだけ 1 つにまとめましょう。

テストに求められるものは基幹系と同じ

　設計が終わったら、基本・詳細設計ドキュメントを基に実装を進めます。ただし前述の通り要件や仕様が変わりやすいため、その都度テスト仕様書を作っているとメンテナンスが追いつきません。そのため、CI（Continuous Integration：継続的インテグレーション）の一環である自動テストなどの仕組みを導入するとよいでしょう。

　自動テスト以外のテストももちろん実施します。既存の CRM（顧客関係管理）システムと連携する、基幹システムからデータを取得するなど、連携システムがある場合は、外部結合テストをしっかり実施する必要があります。

　このときに気を配るべきは、ユーザー企業内の関係部門との事前調整です。IT 部門など連携システムの管理担当者は、柔軟なスケジュールで対応してくれることはほとんどありません。期日に余裕を持って事前相談をし、スケジュールやテスト内容の調整をしましょう。

　最終品質保証のテストである総合テストは、DX のサービス開発であっても必須です。単体で動作する簡易なツールレベルのサービスであれば不要ですが、複数のシステムで構成される場合、すべてを接続した状態でのテストは必須です。

　また、本番データ相当での性能テストや、システム運用を想定したテスト、OS やブラウザーなどの環境動作確認といった非機能要件面のテストも求められます。サービスによっては脆弱性診断も必要です。このあたりの品質保証の考え方は基幹系システム開発と変わりません。

　ユーザーテストも重要です。企業側の DX チームの担当者たちによる操作感や機能検証を行い、フィードバックを上げていきます。クローズド β（ベータ）と呼びますが、一部の実利用者（消費者）だけにサービスを使ってもらいフィードバックをもらう手法もあります。

　利用者からのフィードバックが得られたら、サービスの見直しや修正をします。フィードバック内容がサービスの中核機能や UX（ユーザーエクスペリエンス）に関わる場合は、改善後、その結果をもう 1 度利用者に確認してもらいます。

フィードバックの内容が軽微なものであれば、1 度のユーザーテストでよいでしょう。ここまで済んだら、いよいよリリースです。

　なおベータ版リリースのように、ユーザーテストを経ずにリリースし、広く利用者に使ってもらってフィードバックを得る方法もあります。

基本は基幹系システム開発と同じ

　ここで説明した通り、DX プロジェクトであってもシステム開発の一種です。従来型の基幹系システムの開発プロセスと、それほど大きくは変わりません。

　とはいえ、AI や IoT などのように最新技術を利用する、誰も見たことのない新規サービスを一から作るなど、DX プロジェクトには特有のリスクや性質があります。これらを考慮した開発プロセスにチューニングしていくことが求められます。

　一言で DX プロジェクトといっても、プロジェクトごとに事情は異なります。それぞれのリスクや特性を捉え、全体のプロセスのどこでどうリスクを排除すべきかを、一から考えることが重要です。

安易に考えると失敗する
開発プロセスの選び方

DX プロジェクトのシステム開発プロセスは、アジャイル開発が適していると思われがちだ。しかしプロジェクトによってはアジャイル開発には向かず、ウオーターフォール型で開発すべきケースもある。どの開発プロセスが適しているかを見極め、部分的にアジャイル開発を適用することも検討しよう。

　アジャイル開発は反復的に開発を行い、徐々に完成形に近づけていくスタイルです。そのため不確実性が大きい DX プロジェクトに向くと思われがちです。しかしアジャイル開発を成功させるには、いくつかの条件を満たすことが必要です。

（1）システムの開発規模が大きくない
（2）高品質が求められるシステムでない
（3）プロダクトオーナーがいて意思決定できる
（4）スキルの高いエンジニアが確保されている

　これらの条件を満たせない場合、アジャイル開発はスケジュールの大幅な遅延やプロジェクトの中止など、重大なトラブルを招くリスクが高くなります。それぞれの条件について、詳しく説明します。

（1）システムの開発規模が大きくない
　開発規模が大きいプロジェクトの場合、エンジニアをはじめ関わるメンバーの人数が多くなります。その分、コミュニケーションコストが増えます。メンバーそれぞれのスキルや知識レベルの違い、理解力の違いなどから、以下のようなコミュニケーションが発生するのです。

・教える、理解させるためのコミュニケーション

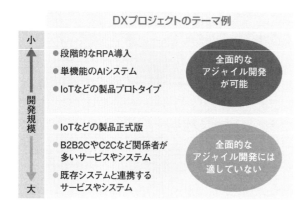

図1 DXプロジェクトの種類によって、アジャイルの適用可否は異なる

・仕様の整合性を保つためのコミュニケーション

・品質レベルを一定にするためのレビュー

・チームとしてのモチベーションを保つためのコミュニケーション（感情的ない
　さかいを起こさせないなど）

　スキルレベルが異なる人が増えると、作業量をバランス良く調整することも難
しくなってきます。結果、開発スピードが上がらない、人数の割に生産性が低い
といったことになり、アジャイル開発の良さが生かせないことになりかねません。

　プロジェクトの内容にもよりますが、プロダクトオーナーを含めて、4〜5人
程度でチームを組んで進められる規模であることが重要です。

　この条件に当てはまる DX プロジェクトには、段階的な RPA（ロボティック・
プロセス・オートメーション）導入プロジェクト、画像認識など単機能の AI（人
工知能）開発プロジェクト、IoT（インターネット・オブ・シングズ）製品のプ
ロトタイプ開発プロジェクトなどが該当します（**図1**）。これはあくまで典型例で、
実際のプロジェクト内容によって該当するかどうかの判断が必要です。

（2）高品質を求められるシステムでない

　ハードウエア製品など利用者が手に取るものや、B2B2C（企業向けにサービス

を提供し、顧客企業がそれを一般消費者に提供する形態）のように様々な関係者が登場するサービスシステム、既存システムと連携するようなサービスシステムの場合、高いレベルの品質を担保することが求められます。

　これはハードウエア製品の場合でも同様です。正式版リリース前には安全性や耐久性などが求められるからです。

　そのため、プロトタイプ開発はアジャイル型でよいとしても、本サービスの開発時には必ず厳密な品質保証テストが必要になります。つまり、途中から必然的にウオーターフォール開発になります。

　例えばホテル予約サービスの場合、サービス提供者、宿泊施設の担当者、予約者という3者分の機能があるはずです。それぞれの機能における仕様の整合性確保や、全体の業務の流れを確認するテストを行う必要があるため、総合テストが必須になります。

　既存システムと連携するサービスシステムであれば、仕様調整のタイミングを合わせる必要がありますし、品質担保のために連携テストをしなければなりません。既存システムとの連携テストは、事前にスケジュール調整、テストケースやテストデータの調整、テスト手順の調整など、多くの取り決めを行った上で実施します。

　連携テストは、一般的には結合テストと総合テストで少なくとも2回、段階的に実施します。必然的に、途中からウオーターフォールのような開発手法にならざるを得ません。

（3）プロダクトオーナーがいて意思決定できる

　規模や内容がアジャイルに適したプロジェクトだとしても、チーム体制がアジャイルに向いているかどうかを確認する必要があります。

　アジャイル開発の要諦は「素早くモノを作って、要件を満たすこと」と言えます。では、「要件を満たしているか」は誰が判断するのでしょうか。それはプロダクトオーナー（プロダクトマネジャー）です。

　限定的なサービス利用者にベータ版としてシステムを使ってもらい、ニーズつまり要件を満たしているか判断を仰ぐケースもあります。しかしそれでも意見が割れる場合があり、最終的なリリース可否の判断はプロダクトオーナーが行うこ

とになります。

プロダクトオーナーがアサインされているものの名ばかりで、実は最終承認者が役員や部長であったりするとアジャイルはうまくいきません。意思決定に時間がかかる可能性があるからです。役職上位者が多忙で承認のための会議調整に手間取る、事前のレクチャーに時間がかかるなど、多くの作業コストも発生します。

アジャイルは素早く判断しながらモノを作り、改良するためのものであるにもかかわらず、上司にいちいちお伺いを立てていたら、開発は遅れます。現場の実態や要件を細かく把握していない役員や部長クラスの鶴の一声で、ちゃぶ台返しのリスクもあります。

そのため、DX プロジェクトの企画内容に関わる現場をよく押さえていて、あるべき姿が描けるプロダクトオーナーに意思決定権限が与えられていることが必要です。また、プロダクトオーナーがエンジニアの近くですぐに判断できる物理的な距離も重要です。

（4）スキルの高いエンジニアが確保されている

アジャイル開発では、エンジニアのスキルの高さも重要です。

エンジニアのスキルが不足していて、ある機能を開発するのに長い時間がかかってしまう、または開発したものの品質に問題が発生しがちであったとします。

これでは、素早くモノを見ながら要件を考えること自体ができなくなり、そもそも一体いつになったら開発が終わるのかが見えなくなります。こうなると一気にアジャイル開発に対する不安感が生まれてしまい、プロジェクト自体が中止になりかねません。

なお、ここで言うスキルはプログラミングスキルだけではありません。プロダクトオーナーの要望を理解・解釈をするという読み取りのスキルも重要です。

このように、アジャイル開発を成功させるには、スキルレベルが一定以上のエンジニアの確保が欠かせないのです。

部分的にアジャイルを取り入れる

全面的にアジャイル開発を導入できないとしても、部分的なアジャイル開発を取り入れることは可能です。むしろ、部分的な導入は積極的に検討すべきです。

　アジャイルを導入可能な箇所は、「企画〜要件定義」「設計〜実装」の2つです。
1-3で説明したDXプロジェクトの開発プロセス全体像に当てはめると、**図2**のようになります。

　まず企画〜要件定義について説明します。

　DXプロジェクトの場合、初めから「こうあるべきだ」という明確な要件はありません。このため、企画段階では実現したいサービスのイメージをイラストなどの形で表現して、繰り返しサービスアイデアのブラッシュアップをします。

　また要件定義段階でも、イラストだけではUX（ユーザーエクスペリエンス）のイメージが湧きにくいので、モックアップを作ります。そして機能要件を定め、モックアップに反映して要件を固めるという反復的な検討が効果的です。

　PoC（概念実証）やテストマーケティングを経て、企画内容や要件を見直す工程も、広い意味ではアジャイル的な進め方になると考えられます。

　なお、部分的にアジャイルを取り入れる場合でも、プロダクトオーナーによる意思決定体制や、一定以上のスキルを持つメンバーというチーム構成の必須要素は変わりません。企画〜要件定義という上流工程の場合、スキルのあるプランナーや、UI（ユーザーインターフェース）・UXデザイナーがメンバーとして必要です。

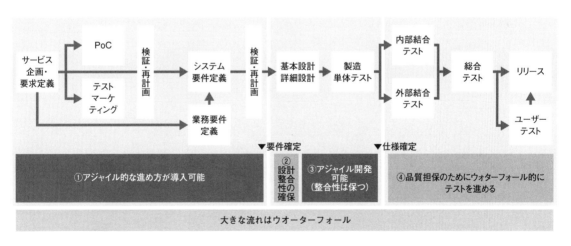

図2 DXプロジェクトの開発プロセスとアジャイル導入が可能な工程

開発を始める前に仕様の整合性を取っておく

　設計〜実装段階で、実装しながら細かい仕様をアジャイル的に固めていくことは可能です。例えば、画面遷移時や初期表示時の挙動などは、要件段階で細かくは決めずに、実際の画面を見ながら仕様を具体化していく方が効率的なことが少なくありません。

　しかし、何も決めずに開発を始めてよいわけではありません。開発を開始する前に、機能間・データ間の仕様の整合性はおおむね取っておく必要があります。それが、先ほど紹介した開発プロセスの全体像における②の部分です。

　また、既存システムと接続する場合のインターフェースの仕様も、②の段階で確実に調整しておく必要があります。インターフェース仕様は接続先のシステムにも影響があるため、アジャイル開発といえども、容易に変更できない部分です。

　テスト工程以降は、アジャイル的な進め方は基本的に適していません。複数の関係者の間で整合性を取る必要がある、既存システムと連携する、高いレベルの品質保証が求められる、といった場合、品質保証の必要性の観点から、結合テスト以降の工程はウオーターフォール的に手順を追って進めることになります。

開発プロセスは二者択一ではない

　今回見てきた通り、DX プロジェクトを担当する立場になったら、「新しいサービスだからアジャイル開発だ」と思い込まずに、まずはプロジェクトがアジャイルに適しているのか、アジャイルに必要なチーム体制が整えられるのかをチェックしましょう。仮にアジャイル開発が難しい場合、部分的にアジャイルを取り入れる方法を考えましょう。

　DX プロジェクトにおいては、開発プロセスの選び方はアジャイルか、ウオーターフォールか、2 つに 1 つではありません。それぞれの良い部分を取り入れて進めていくことが、プロジェクトを成功に導くポイントです。

タスクフォースを組織し
縄張り争いやお見合いを防ぐ

様々な部門が関係して進める DX プロジェクトでは、部門間の縄張り争いやタスクの押しつけ合いがプロジェクトの進行を妨げやすい。トラブルを回避するには専任の担当者によるタスクフォースを組織して進めるのが望ましい。

どんなプロジェクトでも、それを進めるチームの体制は成否に大きく影響します。DX プロジェクトの場合は特に重要と言えます。

DX プロジェクトのチーム編成において特徴的なのは、サービスを構築するユーザー側の多くの部門が関わる可能性があることです。多様なメンバーをうまくまとめるには、部門横断的なチームを組成し、役員クラスを承認者として巻き込むことが求められます。

部門間の縄張り争いやお見合いが多発

DX プロジェクトのよくある例として、「IoT（インターネット・オブ・シングズ）で機器のデータを収集し、故障予測をするサブスクリプションサービスを新規に開発するプロジェクト」を考えてみましょう。図 1 のように、5 部門ほどが関わることになります。

このような複数部門による合同プロジェクトでは、部門間での縄張り争いやタスクの押し付け合いが発生しがちです。「ほかの部門がやってくれるだろう」という“お見合い”も多発し、一向に検討が進まない、というようなことが起こります。

また、営業部門など既存の商品やサービスを販売している部門からは、新サービスに対する抵抗を受けることもあります。新サービスは自分たちの領域を侵食する、場合によっては破壊する可能性があるからです。

部門の代表者という立場でプロジェクトに関わると、各メンバーが所属部門のポジショントークを始めてしまいます。これでは、なかなか話がまとまりません。

　これを防ぐために、新サービスのタスクフォースを組織します。各部門の人材を、DX プロジェクト専任の形で提供してもらうのです。

　どの部門から来たメンバーも同じプロジェクトの一員となるため、部門の枠を超えた協力体制を築きやすくなります。一方でどのメンバーも各部門とのパイプを持つので、情報収集などがしやすくなります（図 2）。

関係部門	想定される役割
経営企画部門	サービスの企画リード 事業計画作成 社内調整
機器製造系部門	既存機器とIoTの連携方法の企画・設計
営業部門	既存顧客への説明 テストマーケティングの企画・運営
情報システム 部門	システム要求の取りまとめ 既存システムのインターフェース設計 開発スケジュールの策定 進捗管理・課題管理などのプロジェクト管理、ベンダー管理
管理部門 （経理・法務など）	売り上げ、コスト計上方法の検討 規約・契約内容の検討

図1 DXプロジェクトに関係する部門の例

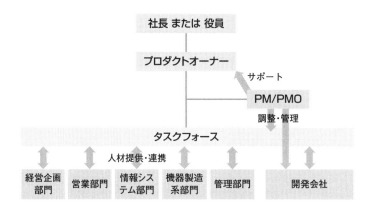

図2 各部門からDXプロジェクト専任者を出す

プロダクトオーナーを置く2つの目的

　こうしてチームのメンバーをそろえた上で、タスクフォースの長としてプロダクトオーナーを置きます。プロダクトオーナーを置くことには大きく2つの目的があります。

　1つは、素早い意思決定のため。メンバー間で意見が割れたときに、最後は誰かが決めなければなりません。そのときに、サービスとしてのあるべき姿を描く役割であるプロダクトオーナーが意思決定をするのです。

　もう1つは、製品やサービスの統一感や整合性を確保するためです。機器の製造やシステム機能の開発を各担当者に任せきりにしていると、いつの間にか、整合性の取れていないものが出来上がってしまうことがあります。メンバーはそれぞれの担当機能しか把握しておらず、その他の機能に興味がないということは往々にして起こります。

　これを防ぐべく、プロダクトオーナーが、常にサービスを構成する機器やシステムを総合的に見て、全体の統一感や整合性を確保していく必要があるのです。

社長や役員を巻き込む

　社長または役員を巻き込むことも重要です。タスクフォースの最終承認者として、DXプロジェクトにコミットしてもらいます。最終承認者としての社長や役員の役割は「会社全体のかじ取り」に尽きると筆者は考えています。

　既存事業に対して脅威になる可能性がある新サービスには、直接は関わっていない既存事業の担当役員などから反対意見が出る恐れがあります。タスクフォースのプロダクトオーナーに説得を任せても、役員よりも下位の役職のことが多いでしょうから、うまくいきません。ここで社長や役員がリーダーシップを発揮しないと、既存事業側の圧力によって、新サービスの企画がつぶされてしまいます。

　「上級リーダー側の積極的な関与がないと、探索型の製品やサービスは往々にして邪魔なもの、脅威、資源の浪費と見なされ、成熟事業の短絡的な需要の犠牲になる」（『両利きの経営』チャールズ・A. オライリー、マイケル・L. タッシュマン著、東洋経済新報社より）。この言葉からも分かる通り、最終承認者が会社全体に「この新サービスを進める」と宣言することが重要です。反対する役員が

いても自ら説得して、会社全体のかじを切る必要があります。

情報システム部門を外部調達する意外なメリット

　では、DX プロジェクトに情報システム部門はどう関わるべきでしょうか。

　DX プロジェクトでは多くの場合、プロダクトオーナーは企画部門や各種事業部門などのビジネス部門出身者が務めます。ビジネス部門出身者は、基本的には情報システムや開発工程の専門家ではありませんので、情報システム部門によるシステム面のサポートが必要になります。

　具体的には、以下のようなプロジェクトマネジャー（PM）やプロジェクトマネジメントオフィス（PMO）の役割を、情報システム部門が担うことになります。

　これらの役割は、システムに関する知識がないと務められません。例えば、開発工程の理解がないと、全体としてどのような作業が発生するか、どのくらいのコストや期間が必要か、ということが分かりません。

PM の役割
・サービスのシステム要求の整理
・全体のシステム構成の作成
・サービス開発スケジュール案の作成

PMO の役割
・進捗管理や課題管理、変更管理、予算管理など
・ベンダー管理

　企業によっては情報システム部門が既存システムの保守・運用で忙しく、リソースが割けないこともあります。情報システム部門に、企画・構想など最上流のフェーズの経験やスキルを持つ人材がいないケースもあります。

　この場合、情報システム部門のような役割を果たせるチームを外部調達することになります。

　外部調達先としては、まずはシステム開発を依頼しようとしている IT ベンダーが候補に挙がります。開発会社にスキルを持った人材がいなければ、企画・構想

などシステム開発における最上流のスキルや経験があるコンサルティング会社などが適任でしょう。

　読者には、こうした立場で顧客のDXプロジェクトに関わることになる人も多いでしょう。自社のDXプロジェクトチームのメンバーとして、ITベンダーなどと一緒に仕事をする人もいるでしょう。

　どちらにしても覚えておいてほしいのは、社外のメンバーが入ることで、企業内の意見調整や作業管理がしやすい側面があることです。

　特に大企業では、部門間の島意識というものが根強く存在します。情報システム部門がタスクフォースや他の部門の担当者に作業依頼をしたり、作業管理をしたりすると、「なぜあなたたちに指揮されないといけないのか」という反発が起こる可能性があります。

　それを外部の人間がすると、遠慮があるのか、意外と素直に対応してくれるものです。社内の人間にはあれこれ指図されたくないが、外部の人であれば受け入れられるという人間心理なのだと思います。この心理を理解して外部の力を生かすことは、プロジェクトをスムーズに進めるコツの1つです。

DXだからこそプロジェクト計画書が必要

　ここまで解説してきた通り、DXプロジェクトで新サービスを開発する場合、複数の部門が関わります。さらに、開発会社など社外のメンバーも多くなります。

　そこで重要になるのが、プロジェクト計画書です。プロジェクト計画書は、通常のシステム開発プロジェクトでは基本的に必須とされます。DXプロジェクトだからといって、プロジェクト計画書が不要かというとそうではありません。

　新しい取り組みだからこそ、なぜ、どんなことをやろうとしているのかを明文化し、きちんと説明する必要があります。関係者がそのサービスの必要性や意義、どんな内容かが理解できないと、傍観者的な関わり方をされてしまうリスクがあります。

　プロジェクト計画には、体制や役割分担、スケジュール、どんな会議を設けるのか、といった細かいことも盛り込みます。これらのことが明文化されていないと、関係者はどこでどう協力したらいいか分からず、非協力的な態度になってしまうリスクがあります。

コンテンツ	記載する内容
企画背景	●サービスの企画の背景や文脈 （なぜこの企画の話が出てきたのかをまとめる）
企画内容・目的	●サービスの企画内容（ターゲットや課題・解決案） ●サービスの狙い・目的
サービス全体像	●利用者や企業側業務、システムを含めた全体図 ●システム構成図と構成の説明
プロジェクト 作業内容	●リリースまでに発生する作業の一覧
体制・役割	●体制図と意思決定プロセス ●関係者の役割分担
リスク	●発生し得るリスクの一覧と対処方法案
スケジュール	●マイルストーン ●マスタースケジュール
管理・運営方法	●会議の種類や目的、情報共有のルール ●進捗管理などプロジェクト管理方針

図3 DXプロジェクトにおけるプロジェクト計画書の例

　図3にDX プロジェクトにおけるプロジェクト計画書の内容例を示します。最低でもこの図で示したような内容をまとめておくと、関係者がすんなりプロジェクトの内容を理解できるでしょう。

第2章
構想フェーズの進め方

2-1　構想フェーズの全体像

企画内容が成否を決める 「何をするか」 から定義

DXプロジェクトの構想フェーズは、基幹系システム開発プロジェクトとは大きく異なる。構想フェーズで「何をするか」を決めることから始めるので、企画内容がサービスの成否に大きく影響するからだ。誰の課題に対して何を提供するのか、サービスでどんな機能を提供するのかなどを決めていく。

　基幹系システム開発プロジェクトの構想フェーズでは、レガシーマイグレーションなどシステム移行、システム統廃合などの構想を固める作業がメインになります。これらのケースの場合、取り組むべき課題は主にコスト削減やEOS（End of Support：サポート終了）に伴うシステム停止リスクの排除などです。

　それに対する解決策も、「SAP」「Oracle EBS」などのパッケージを導入する、開発言語をCOBOLからJavaに置き換えるなど、大体は予想できます。ある程度「何をするか」が明確なので、構想フェーズでは効果やコスト試算、フェージング・開発計画などの「どうやってやるか」に重きが置かれます。

　しかしDXプロジェクトでは、「何をするか」を定義するところから始まります。そのため、基幹系システム開発プロジェクトとは作業の内容が異なります。例えばB2C（消費者向け）のサービス構想策定作業の場合、誰（どんな消費者）に、なぜ、どのようなサービスを提供するのかを詰めていきます。基幹系システムのように既存システムや既存業務ありきではなく、どのようなシステムが必要なのかをゼロベースで決めていくのです（図1）。

　構想フェーズの段階で、そもそも「誰」に対するサービスかが曖昧なケースもあります。筆者がこれまで手掛けたプロジェクトでも、そうした例がありました。特に、ブロックチェーンや顔認証などの技術を既に持っている会社の場合、その技術で何かをしようというプロダクトアウト的な発想になりがちです。

　しかし、これではDXプロジェクトはうまく進みません。筆者自身が自社サービスを企画・開発してきた経験から言えるのは、サービスを「誰」に届けるかが

	基幹系システム開発 プロジェクト	DXプロジェクト
プロジェクト 種類	パッケージ導入 システム移行 システム統廃合など	新規サービス開発 業務支援AIツール開発など
取り組む課題 の検討状況	課題が明確 （コスト削減など）	決まっていない （誰のどんな課題を解決す るのかをこれから決める）
解決方針	やることは見えている （パッケージ導入／インフラ・ アーキテクチャー刷新など）	決まっていない （これから解決方針を決める）
構想フェーズの 作業内容	Howが中心 （製品選定やコスト、計画 など）	Whatが中心 （誰に何を提供するか）

図1 構想フェーズですべきことの違い

決まっていないと市場に適合したものにならない、つまりニーズに合っていないサービスになるということです。少なからぬ投資をしてせっかく新しい取り組みをしたのに誰も使わないサービスにはしたくないものです。

　そのため、システム開発に進む前の構想フェーズでの企画内容が、サービスの成否に大きく影響します。システム開発が進んでしまうと、費用やスケジュール面の制約でなかなか後戻りできないのが現実です。つまりDXプロジェクトにおける構想フェーズは、非常に重要な工程なのです。

　それでは、構想フェーズでは具体的にどのようなことを整理していくべきかについて、以降まとめていきます。

　なお、本書における構想フェーズは要件定義の手前まで、つまり要求定義を含むものとします。

構想フェーズで決めるべき4項目

　DXプロジェクトの構想フェーズで決めるべきは、以下の4項目です。

決めるべきこと	作業内容	成果物
サービス企画	● 利用者とその課題の特定 ● 課題に対する解決案(サービス要求／施策)の整理 ● 利用する技術の整理	● 対象利用者／課題のまとめ ● 施策／アイデア一覧 ● サービスコンセプト／概要図
サービス要求定義	● サービスのアクター／ユースケースの整理 ● ユースケースごとのサービス利用/運営フローの整理 　(画面イメージ含む) ● システム機能、業務機能、エンティティの整理 ● システム構成案の作成	● アクター／ユースケース一覧 ● サービス利用／運営フロー ● メニュー・商品案 ● システム機能要求一覧 　　データ一覧 　　業務機能要求一覧 　　システム全体構成図
事業戦略・計画	● 戦略策定(3C／4P) ● メニュー／価格決定 ● 売上シナリオ／予測作成 ● コスト見積もり ● 事業計画作成	● 事業戦略 ● サービス説明資料(説明、価格など) ● 事業計画
次フェーズ計画	● プロジェクト計画書(兼要件定義作業計画)作成	● プロジェクト計画書(兼要件定義作業計画書)

表1 構想フェーズで決めるべきこと

①サービス企画
②サービス要求定義
③事業戦略・計画
④次フェーズ計画（要件定義など）

　それぞれの作業内容や成果物を**表1**に簡単にまとめておきます。詳しい作業内容や成果物については2-2以降で解説します。

　ここで挙げた4種類の作業は、順を追って進めていく必要があります。それは**図2**に示すような関係があるからです。以下で4つの作業を詳しく見ていきます。

①サービス企画

　サービス企画では、まず誰のどんな課題に対して何を提供するのか、どう解決するのかを決定します。

　「誰のどんな課題」とは、一般消費者（toC）であればどんな属性で、どんな悩みや思いを持っている人かを指します。企業（toB）であれば、どんな業種でどんな業務課題を抱えている企業を対象にするか定めます。

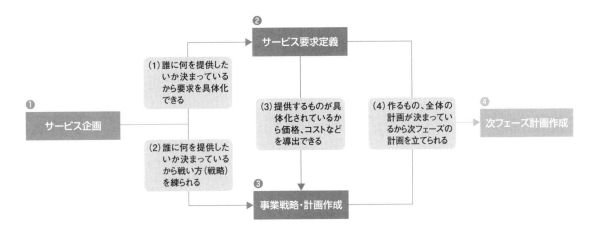

図2 構想フェーズの4ステップ

　定めた対象の課題を、どのようなアイデアや施策で解決するかを決めます。そしてそのアイデアや施策のまとまりがサービスとなります。これを実現するためにどのような技術が必要かも、この段階で検討します。

　以上の作業をすることで、②のサービス要求定義に入れるようになります。

　逆に言えば、①が決まっていなければ次には進めません。例えば、企業のためのサービスを開発する場合、どの業種のどのような業務課題を解決したいのかが決まっていないと、どんな機能を用意すべきか検討できません。想像するにも限界がありますし、そもそもニーズに合わないサービスになる可能性があります。

　また①の成果は、③の事業戦略・計画策定でも必要になります。誰に何を提供するかが決まらないと、競合も分かりません。競合が分からないと戦略も決められません。例えば、競合に勝てる価格設定とはどのようなものか、商品としての優位性をどう確保すべきかなども決められません。

②サービス要求定義（システム要求・業務要求定義）

　サービス要求定義では、サービスを具体化するとどんな機能になるのかを決めていきます。サービス企画で決まった課題の解決案、すなわちサービス案／施策案を受けて、それを具体化します。誰がどんなシーンで、どのようなシステム機

能を使うのか、どんなデータが発生するか、サービスを開発・提供することでどのような業務が発生するかを検討します。

　ここまで終われば、③の事業戦略・計画作成に進めます。機能イメージが整理されることで競合との比較がしやすくなり、メニューや価格も決められます。必要なシステム機能や構成、業務機能が明らかになるため、コスト見積もりも行えます。さらに、販売価格とコストを基に事業計画を立てられます。

③事業戦略・計画作成

　③の事業戦略・計画作成では、新しいサービスをいくらでどのように売るか、どんなスケジュールで、どう収益を立てるのかを決めていきます。サービス内容やシステム機能などサービス要求定義で決まった内容を受けて、事業戦略を練ります。どのような優位性のある商品やサービスを作り、どんな価格で、どう売っていくのかを決定します。さらに、事業のフェーズを設定し、何年程度の計画で収益を上げていくのかを決めます。

　この作業をすることで、要件定義など次フェーズの計画作成に入れます。事業計画上、直近でどこまで何を作るのかを決めていないと、要件定義作業のスコープ（範囲）が決まりません。このため要員計画も立てられず、要件定義作業に入れません。

　しかし注意したいのは、この構想フェーズのタイミングで緻密な事業計画は立てられないというところです。そもそもサービスの企画自体が、後述するテストマーケティングや PoC によって変わる可能性があります。そのため、大まかに計画を立てておき、企画内容の変化に合わせて適宜手直ししていく、という心づもりでいたほうがよいでしょう。

④次フェーズ計画作成

　構想フェーズの次に具体的に何をするのかを決めるのが④の次フェーズ計画作成です。サービスの開発プロジェクトと要件定義の作業計画を兼ねたプロジェクト計画書を作成します。要件定義作業の対象となる機能や、要件定義作業の成果物、体制案、スケジュールなどを計画書としてまとめます。そして、予算化や社内の人員の手配、開発会社の手配など、プロジェクトのセットアップを行います。

　このように説明すると、4項目の検討はあたかもウオーターフォールのように
スムーズに進んでいく印象を受けるかもしれません。しかし実際はそうではあり
ません。例えば、いったんはメニューや価格を決めたが、コスト回収に時間がか
かりすぎるから見直しが必要になるなど、後の検討の結果によって一度決めたこ
とに見直しが入る場合があります。

　構想フェーズでは、こういった検討の手戻りはあって当然だと考えましょう。
既存の商品・サービスの改良ではないので、検討が先に進むにつれて具体化され
て、見えてくる部分が多いからです。ある程度の行ったり来たりを繰り返せる、
余裕のあるスケジュールを組んでおくべきです。

2-2　サービス企画の作業プロセス

企画内容が成否を決める「何をするか」から定義

構想フェーズのサービス企画ではまず、開発するサービスで誰のどんな課題を解決するのかを定義する。定義した課題を評価して複数のサービス案を出していく。その上でアイデアを絞り込んで進めるべきサービス案を選定する。

　2-2 では、2-1 で説明した構想フェーズの 4 項目のうち、構想の根幹を成す「サービス企画」の具体的な作業プロセスを説明します（**図 1**）。最初に、サービス企画の全体感を整理します。**図 2** に実線で示した部分が主な流れです。

　基本的には、まずサービス利用者と課題を定義します。誰のどんな課題を解決するためのサービスなのかということです。そして、その課題をどうやって解決するかを考えます。この解決案こそがサービスということになります。

　とはいえ、プロジェクトによってはその前に保有技術や製品の整理が必要です。例えば AI（人工知能）や IoT（インターネット・オブ・シングズ）を使ったサービスの場合、企業が既に保有している技術や製品を使うことが前提になっている

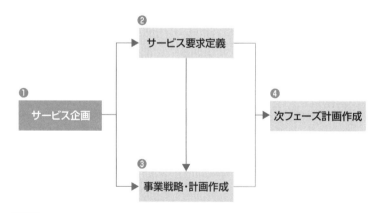

図1 構想フェーズの作業4項目

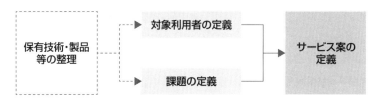

図2 サービス企画の作業プロセス

ケースがあります。この場合、サービスで解決すべき課題の種類は、これらの技術や製品に関係する課題に絞られます。

　例えば「顔認識系 AI を持つ会社が、その技術を使ってサービスを作る」という起点に立つとしたら、顔認識に関連するサービス利用者の行動やその課題に限定して検討する必要があります。具体的には、店内のカメラに映った顧客を認識することで解決できる課題のようなものが考えられます。

　自社の保有技術がない場合には、この作業プロセスはスキップして、対象となるサービス利用者や課題の定義から始めます。

良質な「インプット」を集める

　対象となるサービス利用者や課題はどのように決めていくべきでしょうか。まずポイントになるのは、インプットとなる情報を集めることです。

　インプットは何かというと、解決すべき課題を決めるために必要な情報です（**図3**）。DX プロジェクトの担当者が普段から感じている生活やビジネスの課題が一例です。社内の有識者にヒアリングなどなどをして得た情報をインプットとすることもあります。

　社内でインプットが集められない場合はどうすればよいでしょう。B2C（消費者向け）のサービスを開発する場合は、仮説発見のための調査を実施するなどの手段があります。観察によって人々の行動スタイルを把握する「エスノグラフィー調査」などが代表的です。

　B2B（企業向け）の場合は、社内の顧客窓口部署や顧客企業へのヒアリングという手段もあります。良質なインプットなくして、具体的なサービス利用者や課題はイメージできません。インプットを集める作業はとても重要です。

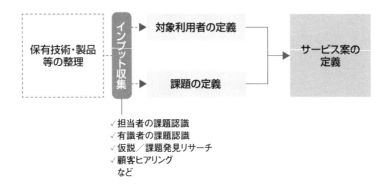

図3 まずインプットを収集する

対象のサービス利用者と課題を定義する

　インプットを得たら、次はサービス利用者と課題の定義をします。B2C のサービスでは、利用者の性別や年代、どんな行動をしていて（どんな商品を利用していて）、どんなシーンでどんな不満やニーズを持っているのかを整理します。B2B の場合はどのような業務をしている人なのか、どんな不満やニーズを持っているのかを整理します。

　実例として、資生堂と佐川急便の取り組みを見てみましょう（**表1**）。資生堂は 2019 年 7 月、スマートフォンアプリと専用の装置を使って利用者ごとに最適な保湿液を調合するサービス「Optune（オプチューン）」を開始しました。佐川急便は 2019 年 7 月、配送伝票の入力業務を AI を利用して自動化するシステムを本稼働させました。

　それぞれ、どのような利用者のどんな不満を解決したいのかがはっきり分かります。このように明確に定義することが必要です。利用者や課題があいまいだったり、利用者や課題の組み合わせが複数あったりすると、それに応じて解決案の規模が大きくなったり、いくつもの解決案が必要になってしまったりします。

　ではここからは、架空の企業のプロジェクトを題材に考えてみましょう。舞台は、パン屋チェーンを全国展開する JQ ベーカリー。同社は、B2C の新規事業を始めようとしています。

表1 対象利用者や課題が明確な2社の事例

事例	概要	対象利用者と課題
資生堂「Optune」	肌や天候、睡眠状態や気分などから最適な保湿液を調合・吐出するIoTシステム	季節や体調等によって異なる肌の状態に対して、いつも同じ保湿液を使うことに不満を持っているユーザー
佐川急便「配送伝票業務を自動化するAIシステム」	手書きの配送伝票から画像文字認識をして、テキストデータに変換するAI	配送伝票を目で確認して手入力をしていた作業員または組織

　JQベーカリーのプロジェクトメンバーは、まず**図4**のA案のような利用者と課題を定義しました。「パンが好きだが、普段パン屋に寄れない都市部のビジネスパーソン」をターゲットに据えています。

　A案の内容を社内で議論した結果、新規にB案も浮かび上がってきました（**図5**）。A案は店舗に来られない利用者がターゲットなので、配送を前提としたサービスになると想定されます。一方、B案は店舗に来る利用者がターゲットなので、店舗内で提供するサービスにするのが自然です。

　この2つの課題を両方解決するとしたら、明らかに違うサービスを2つ用意する必要があります。構想フェーズにおける作業も2倍になります。

　人的リソース・予算が十分にある場合は対応できるかもしれませんが、DXプロジェクトでは基幹系システム開発プロジェクトよりも検討要素が多いため、あれもこれも手を出すと、検討が中途半端になり、失敗するリスクが高まる可能性があります。極力、検討対象とする利用者の課題を絞ることをお勧めします。

　JQベーカリーでは再度議論を重ねた結果、A案を採用してプロジェクトを進めていくことになりました。

対象利用者と課題を評価する

　利用者と課題を定義したけれど、その課題が一担当者の思い込みだったということは珍しくありません。利用者と課題定義の際にインプットとして仮説発見リサーチや顧客ヒアリングなどをしていれば事実に基づいた課題設定ができますが、担当者や有識者のヒアリングのみをインプットにすると「きっとこんなこと

	利用者		課題
A	パンが好きで朝食に美味しいパンが食べたいと考えている、都市部のビジネスパーソン	×	パン屋さんのパンを買いたいが、パン屋が開いている時間帯に帰宅できない。買いだめして冷凍する時間もないできれば、健康やカロリーにも配慮したい

図4 JQベーカリーが考えたA案

	利用者		課題
B	自分のランチ用にパンを購入する20〜30代の女性オフィスワーカー	×	カロリーや栄養素（鉄分やビタミンなど）を総合的に考慮して、組み合わせを決めたいが、計算が面倒だったり、栄養素がわからなかったりする

図5 JQベーカリーが考えたB案

に困っているはずだ」という推測になり、実際には存在しない課題を設定してしまう可能性があります。

　これを防ぐために、量的・質的な評価を実施します（**図6**）。

　まずは量的な評価です。利用者数の規模感がつかめていない場合は、インターネットアンケートや自社顧客アンケートなどを実施して、どのくらいの利用者がこの課題を感じているのかを調べます。想定課題に当てはまる人、つまりターゲットとなる人の数を調べることで、どの程度の利用者数が見込めるのかを検証できます。JQベーカリーの場合には、「パンが好きだが、普段パン屋に寄れない都市部のビジネスパーソン」がどの程度いるかを調査します。

　この見込み利用者数は、設定した課題案が複数ある場合にどちらを優先すべきかの判断基準にもなります。

　次は質的な評価です。設定した課題が適切かを調べたり、課題の内容をより具体化したりするものです。調査会社に依頼するなどして想定のターゲット像に当てはまる人を実際に集め、インタビューします。

　JQベーカリーの例では、出勤時刻や退勤時刻、食事の取り方といった利用者の実際の生活行動やその中での悩み、パンに対する思いや期待などの生の声を聞きます。こうすることで、仮説の具体化が進み、解決案を考えやすくなります。

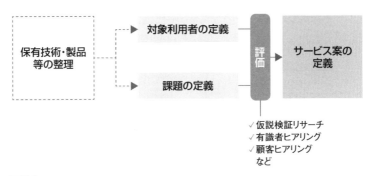

保有技術・製品等の整理

対象利用者の定義

課題の定義

評価

サービス案の定義

✓仮説検証リサーチ
✓有識者ヒアリング
✓顧客ヒアリング
　など

図6 対象ユーザーと課題を評価する

サービス案を定義する

　いよいよ「サービス案」を整理していきます。サービス案とはどのようなものかを理解するために、表1で示した2つの事例を再度見てみましょう。表1の「概要」部分が課題の解決案であり、同時にサービス案になります。課題に対して、どんな仕組みでどう解決するのかを定義するのです。

　JQベーカリーの場合、サービス案はどうなるでしょうか。図4のA案の課題解決策を考えてみましょう。まず、利用者の課題に対してどう解決するのかのアイデアを出していきます。プロジェクトのメンバーで意見を出し合いながら、様々な方法を考えます。JQベーカリーでは以下のようなアイデアが出ました。

①パン屋が開いている時間帯に帰宅できない
アイデア1：1度申し込めば、定期的に届けられる
アイデア2：ネットで都度注文できる

②買いだめして冷凍する時間もない
アイデア3：冷凍した状態で自宅に配送される

③健康 / カロリーに配慮したい
アイデア4：パンの組み合わせをパーソナライズして提案する仕組みを提供する

	利用者	課題
	パンが好きで朝食に美味しいパンが食べたいと考えている、都市部のビジネスパーソン	パン屋さんのパンを買いたいが、パン屋が開いている時間帯に帰宅できない。買いだめして冷凍する時間もない できれば、健康やカロリーにも配慮したい

	サービス案	サービス案の検討アプローチ
❶	【パーソナライズドパン定期お届けサービス】利用者に最適なパンを組み合わせて定期的に自宅にお届け。	パンを選ぶ時間も注文する時間すらもなくすという効率性を重視。
❷	【パーソナライズドパン注文サービス】利用者に最適なパンを提案。ユーザーが好きな時に注文できる。注文したパンは自宅にお届け。	自分で注文するしないを決められるという自由度を重視。

図7 JQベーカリーが用意した2つのサービス案

　アイデア１とアイデア２では必要な仕組みが異なります。アイデア１はいわゆるサブスクリプションで、アイデア２は一般的にEC（電子商取引）の仕組みです。両方実現することもあり得ますが、人的リソースや予算などの面で困難です。そのため、いくつかのアイデアをまとめてサービス案のパターンを作ります。

　JQベーカリーでは大きく２つのサービス案を用意しました（図7）。①のサービス案は、JQベーカリー側がお薦めのパンを組み合わせて定期的に配送するというものです。ユーザーは楽ちんな分、選択の自由度がありません。②のサービス案は、利用者の好きなタイミングで注文するもの。その際にレコメンドはされるものの、最終的には自分で選べます。

　こうしたサービス案は、文字情報だけではイメージが湧きにくく、共通認識や理解が得られない恐れがあります。図8、図9のような図やイメージを作成すると、社内での議論がしやすくなります。

サービス案を絞り込み・選定する

　サービス案が固まったら、サービスを具体化していきます。サービスの商品内容の定義や、実際の利用者の利用フローを具体化しながら、システムの機能や必

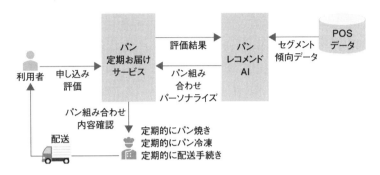

図8 案①のサービス概要図

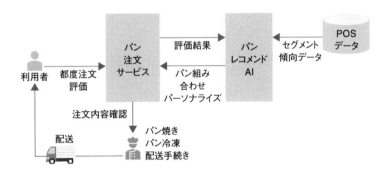

図9 案②のサービス概要図

要なデータの整理、発生する業務の整理などを進めます。

　サービス案を絞り込んでおかないと、それぞれのサービス案に対して、システム要求・業務要求の整理作業が発生し、かなりの工数がかかってしまいます。このため、整理したサービス案の中でどれを採用するのかをここで決定します。

　絞り込む際の評価基準としては以下のようなものがあります。

・想定効果＝課題の解決度合い

・コスト（初期コスト、運営コスト）

・実現難易度

サービス案	効果		コスト		実現難易度	
①パーソナライズドパン定期お届けサービス	利用者にとって手間がほとんどない。ただし、選択できないため、不満が出る可能性あり	高?	定期注文のため、まとめて対応できるため、コストが下げられる	中	パンの定期お届けのコンセプトを受け入れてもらえるかどうか	高
②パーソナライズドパン注文サービス	自身が好きなものを選べる満足感がある。ただし、時間がない中で選ぶこと自体が面倒な可能性あり	高?	ばらばらと注文が来るため、対応コストが上がってしまう恐れがある	高	都度注文のためECと変わりない	中

図10 案①と②の評価結果

　この評価基準に基づき、先ほどの事例の各サービス案を評価してみましょう（**図10**）。利用者の忙しさを考慮すると、2つのサービス案のうち①の方が効果がありそうです。しかし利用者の手間をなくすためにパンを選べない仕組みなので、利用者から不満が出る可能性があります。②は自由度があるものの、注文する手間を不満に感じる可能性があります。

　コストは、業務が複雑になる②の方が高いでしょう。一方、実現難易度は①のほうが大変そうです。冷凍パンの定期お届けという仕組み自体が新しいため、その仕組みを構築するのに手間が掛かりますし、利用者からの受け入れられやすさの面でもハードルが高いでしょう。

　これらの結果を見ると、JQベーカリーの場合は①も②もいずれも甲乙つけがたいということになりそうです。

　なお、このようにサービス案を考えている時点では、確実な予測はできません。利用者の課題解決効果が高いと思ってコストを掛けたところで、実際その効果は得られないかもしれません。

　つまり、経営判断として①②のどちらかに賭けるということになります。これも、DXプロジェクトには役員や代表などの経営メンバーが積極的に関わる必要があるということの証左です。

　JQベーカリーは、難易度は高いものの、最も課題を解決できそうな①のサービス案を選択しました。2-3では、①のサービス案をテーマにサービス要求定義の方法を見ていきましょう。

利用シーンを洗い出しサービス内容を整理する

構想フェーズのサービス要求定義では、サービス企画で選定したサービスアイデアを具体化していく。サービスの利用シーンを想定して、どのような商品でどのような機能を提供するのか、それを実現するためにどのような業務が必要になるのかを明かにする。ゴールは要件定義のスコープを明かにすることだ。

　2-3では構想フェーズの4項目の作業のうち、サービスをより具体化するプロセスである「サービス要求定義」について説明します（**図1**）。サービス要求定義の作業の目的は、サービスの内容を具体化することです。

　2-2で、JQベーカリーでは、「利用者に最適なパンを組み合わせて定期的に自宅にお届けする」とのサービス案を決めました。しかしまだ、以下のような内容までは具体化されていません。

・どのような商品を提供するのか

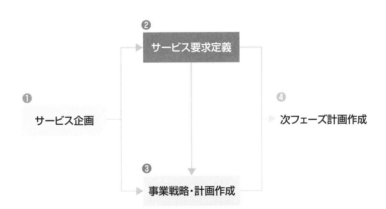

図1 「サービス要求定義」は2つ目のプロセス

57

・どのような機能を提供するのか
・どのような業務が必要になるのか

　実際のサービスの利用シーンをひも解きながらこれらを具体化し、この後の
フェーズで実施する要件定義のスコープを明らかにすることがサービス要求定義
のゴールです。ここでのアウトプットが、次フェーズのインプットとなります。

サービス要求定義の作業プロセス

　サービス要求定義の全体の流れを整理しましょう（**図2**）。
　「要求」とは、サービスとして何を提供・実現したいのかを示します。つまり、
サービスに求められる機能や業務です。要求定義では、まずサービスの登場人物
と利用シーン・関わり方を整理します。それぞれの利用シーン・関わり方をフロー
にして具体化し、必要な機能を整理して、最後にサービスの提供メニューや商品
を決定します。順に見ていきましょう。

図2 サービス要求定義の全体の流れ

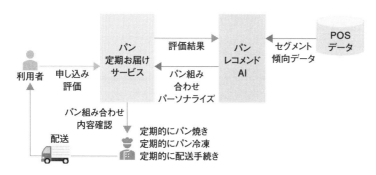

図3 登場人物と関わり方を洗い出す

アクター	ユースケース分類	ユースケース
利用者	新規申し込み	定期お届けサービスに申し込む
		お届け内容を確定する
	食べる	届いたパンを食べる
	変更・キャンセル	申し込み内容を変更する
		申し込み内容をキャンセルする
パン屋	注文確認〜商品準備	注文のパンを焼き、冷凍する
	配送準備	梱包する
		配送手続きをする
配送業者	配送	商品を受け取り、配送する

表1 アクターごとにユースケースを整理する

　最初に、サービスの登場人物と、それぞれのサービスへの関わり方（利用シーン・利用方法など）を洗い出します（**図3**）。

　登場人物を「アクター」、利用シーンや関わり方を「ユースケース」と呼びます。サービスの全体図を眺めながら、どんなアクターがいるか考えます。その上で、アクターごとにサービスのユースケースを想像しながら整理していきます（**表1**）。

　この段階では完璧にユースケースが洗い出されていなくても構いません。まずはサービスを利用する顧客や提供する側が"主に"行うことを洗い出します。細かいパターンは、このあとのユースケース分析で検討します。

アクターごとにフローを整理する

　ユースケース分析では、アクターそれぞれがいつ何をするのかをフローとして整理します。スマートフォンなど画面があるサービスの場合は、画面イメージも用意して利用シーン・利用方法を具体化していきます。

　この作業を通じて、サービスの内容を細部まで詰めていきます。その例として、利用者の「定期お届けサービスに申し込む」のシーンをフロー図にしてみましょう（**図4**）。

　このようなシンプルなフロー図を描くだけでも、検討が必要なポイントがいくつも見えてきます。具体的には以下のようなものです。

図4 「定期お届けサービスに申し込む」のフロー図

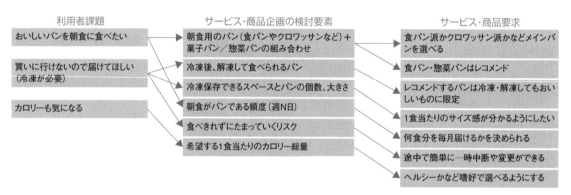

図5 ユーザーの課題から検討要素を洗い出し商品・サービス要求に落とし込んでいく

・サービスの対応地域

・プランや価格

・申し込み時に選択可能な項目

　対応地域やプラン、価格、申し込み時の選択事項などを検討する作業はすなわち、商品・メニューの検討にほかなりません。

　JQベーカリーの場合、パンという商品をサブスクリプション（月ごとの定額制）で提供するサービスを作ろうとしています。提供する商品や提供方法を先に整理しないと、どのような画面にすべきかの検討ができません。また、パンをレコメンドするAI（人工知能）の仕組みも考えられません。そのため、先に商品やメニューを検討する必要があります。

　商品・メニューは、個々の利用者の課題とその解決方法を整理することで具体化されていきます。例えば、以下のような形で各課題から検討要素を洗い出し、

商品・メニューとして検討します。最終的には「メインのパンを選べる」「菓子パンや総菜パンはレコメンド」「毎月何食分を届けるかを決められる」のように、商品やメニューの要求の骨子が決まっていきます（図5）。

サービス利用者の行動フロー作成

決まった商品・メニューをどのような画面で提供するか、サービス利用者や提供者側が何をするのかを次に整理していきます。同時に、必要なシステム機能やデータも洗い出します。

なお、ここでは細かい画面を描く必要はありません。利用者の主な行動の具体的なイメージが湧く程度の画面で十分です。様々な分岐を考慮した具体的な画面フローは、もっと後の要件定義工程で作成します。

画面イメージがあった方が、文字だけよりも検討が進みやすくなります。開発項目の数を把握するのにも有用です。ここで書いた画面イメージは、システム開発コストを算出する際の材料になります（図6、図7）。

利用者の行動フローだけでなく、サービス提供側の業務フローも描きます。**図8**は、注文されたパンを焼いて発送準備する業務フローを整理したものです。提供側のフローを描くことで、商品の内容がさらに細部まで具体化されます。

必要な管理画面や業務、サービス提供に必要な設備や備品なども見えてきます。

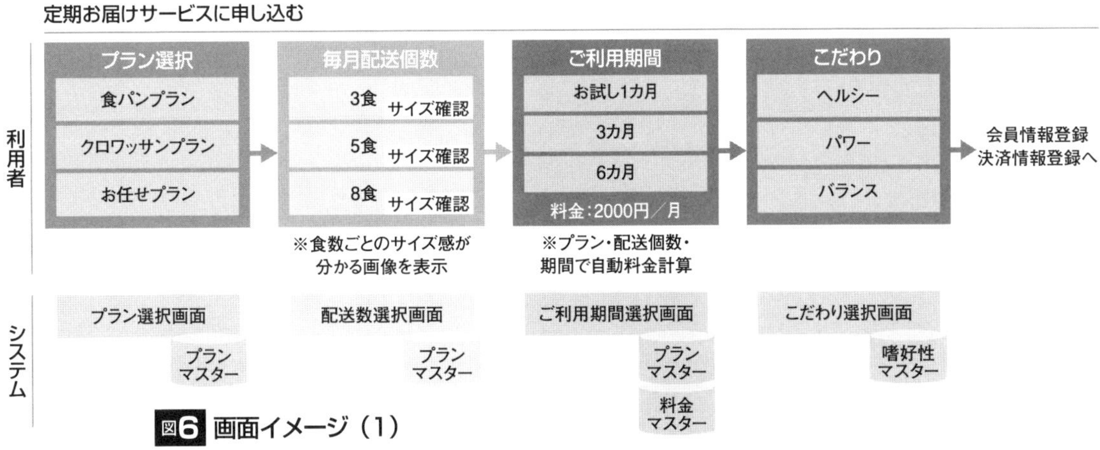

図6　画面イメージ（1）

システムに求められる機能やデータを整理する

次に、システムに求められる機能・データ、そのシステムを使う上で業務として
てすべき作業を整理していきます。表2は、JQ ベーカリーが整理した機能の一

定期お届けサービスに申し込む

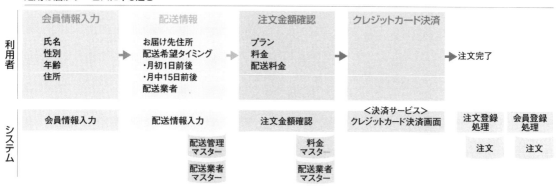

図7 画面イメージ（2）

注文のパンを焼き発送準備する

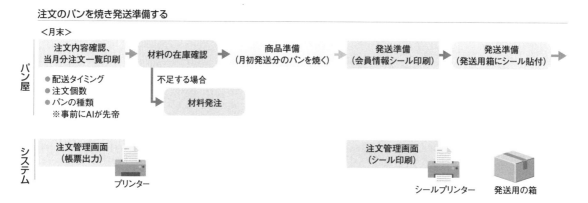

図8「注文されたパンを焼いて発送準備する」業務フロー

覧です。

　ベースとなるのは、ユースケース分析で整理したフロー図です。これを基に、システム機能やデータの一覧を作成します。

　これらが事業計画のコスト計算や、要件定義の作業見積もりのインプットになります。逆にこの一覧をまとめていないと事業計画も甘いものになり、要件定義の作業計画も実行性のないものになってしまいます。非常に重要なプロセスです。

　システムの機能だけでなく、サービスを運営するに当たって必要な業務も一覧化します（図9）。事業計画を立てる際に、サービス運営にどの程度の作業時間や人数が必要になるかを見積もる必要があります。そのための材料になります。

　JQベーカリーのようにシールプリンターや発送用の箱などの備品類が必要に

機能分類		システム機能		画面	サーバー
利用者向け機能	新規申し込み	プラン選択		○	○
		毎月発送個数選択		○	○
		ご利用期間		○	○
		こだわり選択		○	○
		会員登録処理		−	○
		注文登録処理		−	○
		...		...	...
	変更・キャンセル	...		...	...
	...	...		...	...
パン屋	受注〜配送			○	○
		注文管理	注文一覧帳票出力	○	○
			シール出力	○	○
		...		...	...

表2 システム機能の一覧

機能分類		業務
パン屋	注文確認〜配送準備	注文確認
		在庫確認・発注
		商品準備（パン焼き）
		発送準備（シール印刷・発送用箱貼付）
		...
	...	...

図9 業務の一覧もまとめる

なる場合は、それらも一覧化しておきます。これも事業計画を作成する際のコスト見積もりで必要です。

AIを用いる場合の注意点

JQベーカリーが検討しているサービスでは、「過去のPOSデータの傾向から、利用者に最適なパンの組み合わせを提示するAI」の導入を検討しています。AIのような複雑なシステムを用いるプロジェクトの場合、インプットとなるデータや処理の内容、アウトプットのイメージなどの概要はこの段階で整理しておくべきです。この作業をしておかないとAIの開発ボリュームが見えないため、事業計画や要件定義以降の作業計画に影響を与えてしまいます。

JQベーカリーでは、**表3**のような処理概要をまとめました。

AIシステムの機能をまとめるためには機械学習など技術的理解が求められるため、専門家のサポートが必要になるかもしれません。しかし専門家がいなくても、自社の目的やアウトプットはきちんと書き入れましょう。それをするのはプロジェクトオーナーの役割です。

機能やデータなどの一覧を整理したら、システム構成図を描いていきます（図10）。

表3　JQベーカリーがまとめたAI機能概要

AI 機能概要	
目的	忙しい利用者が自分でパンの組み合わせを選ばせるのではなく、利用者に最適なパンの組み合わせを提案したい
概要	利用者の性別・年代・地域、メインのパン、希望個数、希望カロリーを入力データとして、その人にお勧めの菓子パン・総菜パンの組み合わせを提案する
学習用データ	過去のPOSデータ・性別・年代・購入店舗（地域）・17時以降に購入した商品の名称、商品ジャンル、カロリー（17時以降なのは翌日の朝食用に絞るため）
出力データ	利用者ごとに、希望個数分の菓子パン・総菜パンの組み合わせを提示する（例 希望個数が3つの場合：食パン、豆パン、カレーパン）
学習モデル	過去POSデータから利用者のセグメントごと、1回の購入総数ごとに最も購入されたパンの組み合わせパターンを学習する（例「女性・20代」「購入店舗は東京」「食パン含む3個・総カロリー600kcal以下」のデータを抽出し、この抽出データ内で食パンと最も購入される可能性の高い菓子パン・総菜パン2つを選ぶ）

　システム構成図は、要件定義以降の計画を立てたり、体制を考えたり、IT 部門や開発会社にサービスの説明をしたりする際に便利です。DX プロジェクトをリードする立場の人はこのシステム構成図を常に最新化して、今作ろうとしているものを俯瞰（ふかん）できるようにしておきましょう。

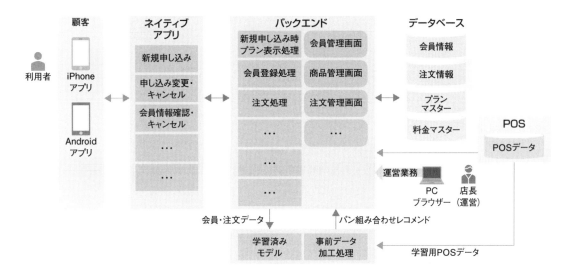

図10 パン定期お届けサービスのシステム構成図

2-4　事業戦略・計画作成の作業プロセス

「3C」「4P」で販売戦略を整理 サービスの収益性を検証する

構想フェーズの事業戦略・計画作成のプロセスでは、開発するサービスの収益性を検証する。「3C」「4P」といったマーケティングのフレームワークを利用して販売戦略を整理するとよい。かかるコストの項目を整理して見積もりを実施し、サービスが赤字にならないようにする必要がある。

　2-3 ではサービス要求定義の工程で、商品やサービスのシステム機能、運営業務の内容などを明らかにしました。これを受けて、どうサービス利用者を獲得していくのか、どの程度の収益が見込めるのかを整理するのが事業戦略・計画作成作業です（**図1**）。

　事業戦略・計画作成作業の目的は、サービスの収益性を検証することです。サービスが絵に描いた餅にならないように、競合や代替サービスと比較して何が優れているのか、中長期的にどう競争優位性を保っていくのかなどの戦略や、収益計画を検討していきます。

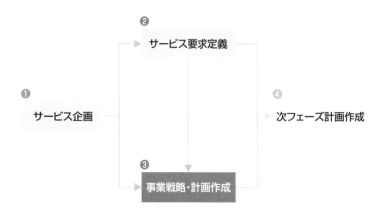

図1 構想フェーズの3つ目の作業「事業戦略・計画作成」

　もちろん、やってみないと分からないというのは間違いありません。しかしよくよく調べたら、同じようなサービスが既に出回っている、代替手段があってこのままサービスを開始しても誰も使ってくれない、ということは避けたいものです。利用者を獲得できたとしても、明らかに赤字になるサービスにはしたくありません。

　この作業で収益性を見込めない場合、サービス内容自体も見直す可能性があります。必要であれば見直しをしつつ、ある程度の収益を見込める計画を立てることが、この作業のゴールになります。

「3C」「4P」の基本を押さえる

　事業戦略・計画作成の流れを整理しましょう（図2）。サービスの優位性の検討や競合比較等からの価格検討、販売方法などを検討し、それを受けてコスト計算をします。そして収益モデルの作成（利益の計算）を行います。最後に、事業展開のストーリーを整理して、売上計画・コスト計画を立てます。

　新たなサービスや商品を生み出すDXプロジェクトでは、「3C」や「4P」などのマーケティングのフレームワークを用いて事業戦略・販売戦略を整理しておくとよいでしょう。ほかにも様々なフレームワークがあるので、使いやすいものを選びましょう。

　表1に、代表的なフレームワークである「3C」を示します。顧客、自社、競合の関係を分析するものです。

　競合がいる場合は、競合の提供する商品内容や機能などを具体的に洗い出し、想定する顧客にとって自社サービスのどこが強み（アピールポイント）なのかを整理する必要があります。既存の製品やサービスがあるのに、同じようなものを作っても、または同じような売り方をしても、顧客は選択してくれません。

　なお、表1では競合と代替とを分けています。競合とは同様のニーズを同様の

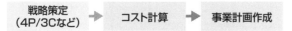

図2 事業戦略・計画作成の流れ

表1 「3C」で整理すること

3C	整理すること
顧客像（Customer）	想定する顧客像（サービス内容定義。ここではすでに整理されている）例）朝、自宅でおいしいパンを食べたいが、パン屋に行く時間がない
自社（Company）	自社サービス・商品の強み（その顧客が自社サービス・商品を選択する理由、その理由を生み出す自社ならではの資産）例）全国で最も店舗数が多く、カバー範囲が広い
競合（Competitor）	その顧客が利用する可能性のある競合や代替となり得るサービス、その特徴 例）競合:生協の冷凍パン、代替:カフェスペース付パン屋の朝食セット

表2 「4P」で整理すること

4P	整理すること
商品（Product）	自社サービス・商品の強み（その顧客が自社サービスを選択する理由、その理由を生み出す自社ならではの資産）
価格（Price）	同サービスをいくらで提供するか
販売チャネル（Place）	どこで販売するか 例）ネット販売、店頭販売など
プロモーション（Promotion）	どのように認知を広めるか 例）店頭告知、SNS 広告など

方法で満たすもの、代替とは同様のニーズを他の方法で満たすものです。「朝、自宅でおいしいパンを食べる」というニーズに対する競合は生協の冷凍パン。「朝、おいしいパンを食べる」というニーズを自宅以外でかなえるものとしてカフェスペース付パン屋の朝食セットを代替手段としています。

4P は、事業計画を立てる上で有用なフレームワークです。**表 2** で整理します。

コスト（商品の原価）や提供価値、競合・代替製品などから、顧客が納得するであろう価格を決める必要があります。JQ ベーカリーの事例では、競合の生協の冷凍パンでは1つ 200 ～ 300 円、カフェスペース付のパン屋の場合セットで 400 円程度でしょう。このあたりの価格感が1つの目安です。

販売チャネルとプロモーション手段は、この後の利益率の計算や売り上げ・コスト計画で必要な情報になります。例えば、販売チャネルとしてネットだけでな

く店頭販売を行う場合、店頭における運営コストを考慮しなくてはなりません。プロモーション手段として SNS 広告も実施するなら、その広告費用をコストとして見込む必要があります。

赤字サービスを生み出さないために

　このサービスを準備し運営するに当たって、どの程度のコストがかかるかを計算します。コストの洗い出しと計算が不十分だと、いざサービスを開始してみたら、構造的に赤字ということになりかねません。**図3**のようにコストの種類を整理し、それぞれの項目を見積もります。

　このうちシステム開発コストの見積もりは、開発会社等に依頼する必要があります。このとき、2-3 の「サービス要求定義」のプロセスで整理したシステム機能一覧やシステム構成図が活躍します。

　開発会社にサービスで実現したいことだけを説明しても、正確な見積もりは出

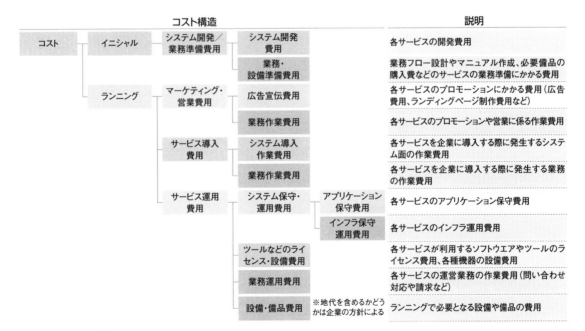

図3 コストを構造化し、各項目について見積もりをする

てきません。具体的な機能の一覧などを提出することで、コストの精度を高められるのです。

　なお、開発会社によっては社内のリソース状況や決裁の手続き等で、見積もり提示までに想定以上の時間がかかるケースもあります。それを見越して、余裕をもって依頼することが重要です。

　業務運用費用（オペレーションの費用）については、このサービスを運営するに当たって発生する業務1つひとつに対してどの程度の時間がかかる可能性があるのか、またその時間を人件費に換算するといくらになるのかという視点で計算していきます。

　いずれのコストも固定費なのか、注文数や会員数に応じて変動する変動費なのかを明らかにしておきましょう。収益モデルの計算に必要になります。

マイルストーンや目標を決めて事業計画をまとめる

　時期ごとの利用者数や売り上げ、初期費用を回収できる時期などを具体的な数値として整理します。

　とはいえ、何もないところからいきなり事業計画は立てられません。まずは最初の足がかりとして、商品やサービスを世の中に展開するストーリーやマイルストーン、目標値を決めましょう。

　仮に「3年で初期費用を回収する」というマイルストーンや目標と立てたとします。価格やコストは既に具体化されているため、3年目で回収するにはいくらの売り上げが必要かが計算できます。そのためには1～3年でどの程度の利用者数が必要か、その結果コストはどの程度に抑えるべきか、というように収支計画を立てていきます（図4）。

　この時点で、期待する収益性が見込める場合は問題ないのですが、明らかに収益性が低い可能性もあります。その場合、コストで削れるところがないか、売り上げを増やせないかを見直します。もっと高い値付けができないかなど、サービスの内容そのものを見直す必要が出てくる場合もあります。

　事業計画がまとまると、開発のフェーズ分けも決まってきます。JQベーカリーのパンの定期お届けサービスの場合は、3カ年の計画になりました（図5）。フェーズ1では、基本的な機能やAI（人工知能）の基本形、基本的な管理画面を構築

<事業計画>

		2019年				2020年				2021年			
		1Q	2Q	3Q	4Q	1Q	2Q	3Q	4Q	1Q	2Q	3Q	4Q
売上		0	390	885	1260	1755	2206	2897	3515	4713	5568	6873	7938
利益		-450	-60	435	710	766	1591	2232	2727	3867	4497	5597	6633
					2,535				10,372				25,092
					635				7,316				20,594

マイルストン		▲パイロット導入2社（3月契約）				▲ｘｘプラン開始							
		▲拡販開始				▲直販開始							

		1Q	2Q	3Q	4Q	1Q	2Q	3Q	4Q	1Q	2Q	3Q	4Q
売上	合計	0	390	885	1,260	1,755	2,206	2,897	3,515	4,713	5,568	6,873	7,938
					2,535				10,372				25,092
原価（作業費用）	合計		79	198	317	492	667	885	1104	1390	1723	2135	2500
粗利		0	311	687	944	1,263	1,539	2,012	2,410	3,323	3,845	4,738	5,438
					1,942				7,224				17,345
人件費													
	合計	345	345	345	345	270	270	390	390	510	510	855	855
変動費													
	合計	105	105	105	205	227.4	344.5	275.1	397.6	336	561.5	420.9	450
コスト合計		450	450	450	550	497.4	614.5	665.1	787.6	846	1071.5	1275.9	1305
収支		-450	-60	435	710	766	1591	2231.9	2726.9	3867	4496.5	5597.1	6633

図4 事業計画書の例

フェーズ1 （20x1年10月）	フェーズ2 （20x2年10月）	フェーズ3 （20x3年10月）
サービス仮説検証記	サービス大都市圏展開期	サービス全国展開記

	フェーズ1	フェーズ2	フェーズ3
開発対象 機能	●申し込み／変更キャンセル ●パンレコメンドAI基本形 （POS基本データ） ●基本管理画面	●ポイントプログラム機能 ●プッシュ型案内など 　マーケティング機能 ●分類系管理画面	●パンレコメンドAIの高度化 （天候なども入力データとする）
連携対象	●POS	●CRM	●会計システム
対応店舗	●東京	●東名阪	●全国

図5 フェーズを分けて計画を立てる

します。フェーズ2ではポイントプログラムやマーケティング目的のプッシュ型案内機能の構築などが入ってきました。

　ここまで決まっていると、次の工程である要件定義の対象も決まります。つま

り、要件定義の作業計画を立てられるのです。逆にここで決まっていないと、すべての機能を対象にするか、要件定義が始まってからフェーズ分けを検討することになるため、とても非効率です。

関係者の説得材料を準備し要件定義の計画を作る

構想フェーズの最後の作業は、次フェーズの計画を作成することだ。要件定義の作業計画を兼ねたプロジェクト計画書を作り上げる必要がある。プロジェクト計画書を作成できたら関係者の協力を打診し、要件定義フェーズを円滑に進める準備を整える。

　いよいよ、構想フェーズの最後の作業「次フェーズ計画作成」に入ります。次フェーズとは、要件定義フェーズのことです。構想フェーズの最後に計画を立てておくことで、要件定義フェーズを円滑に開始できるようにします（**図1**）。

　要件定義作業は、構想フェーズとは異なり、多くの関係者を巻き込まなくては進められません。「何を誰がいつまでにやるか」を説明する資料がないと、協力を打診しにくくなります。打診される側も、どの程度の工数が必要か分からなければ協力可否の判断ができません。

　そこで、要件定義の作業計画も兼ねたプロジェクト計画書をしっかりと作り上

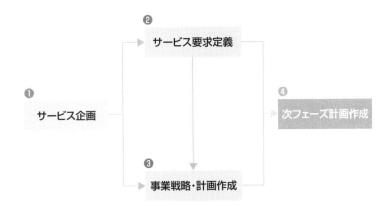

図1 構想フェーズの最後で、次フェーズの計画を作成する

げる必要があります。

　なお、プロジェクト計画書と要件定義作業計画書は分けて作成しても問題あり
ません。しかしこの段階でのプロジェクト計画書は、要件定義作業計画書と重複
する内容が多くなります。例えばプロジェクトの体制図は、要件定義の体制とほ
ぼ同じになるでしょう。本講座では、まとめて 1 つの計画書として作成すること
にします。

プロジェクト計画書を作成する

　計画書には、**表1**のような内容をまとめていきます。

　この表のうち、「作業分担・役割」の部分で、2-3 で解説したシステム構成図を
活用できます。規模が小さいサービスやシステムの場合は数人で要件定義を進め

表1 プロジェクト計画書の構成

種類	項目	内容
プロジェクト計画の内容	サービス企画内容	開発プロジェクトで最終的にどのようなサービスを作ろうとしているのかをまとめたもの
	プロジェクトスコープ	サービスを構成するシステムの全体像
	開発フェーズ	各フェーズの目的やスコープをまとめたもの
	開発全体スケジュール	フェーズ 1 のリリースに向けたマスタースケジュール案
要件定義作業の内容	要件定義作業対象	フェーズ 1 に対応する、サービス要求定義で整理したシステム機能や AI、業務など
	要件定義作業内容	要件定義作業として何をするか、それぞれのような成果物が必要か　例）画面要件、AI 処理要件、データ要件、インターフェース要件、非機能要件、業務要件など
	作業分担・役割	対象となる機能や作業をどのようなチームに分割して推進するか。またそれぞれの役割・分担　例）PM チーム、フロントエンドチーム、バックエンドチーム、業務チーム、AI チームなど
	体制	発注者（ユーザー）側のメンバー、委託先メンバー、ステアリングコミティーなどの承認メンバー、承認プロセス
	リスクと対応方針	要件定義工程で想定されるリスクと対応方針　例）店舗側の要件が固まらないリスク→店舗側要件の確定マイルストーンを定める
	マイルストーン／スケジュール	要件の承認タイミング、凍結タイミングなどのマイルストーンと、それに応じた作業スケジュール
	プロジェクト管理計画	会議体の定義や、各種コミュニケーションルール、進捗管理や課題管理、品質管理ルールなど

るのであまり考えなくてもよいのですが、規模が大きくなるとチームを組んで作業を分担する必要があります。

　一般的な分担方法は、要件定義に必要となるスキルセットによってチームを分けるものです。システムのフロントエンド（画面要件）、バックエンド（サーバー側の機能や、関連する他システムとのインターフェース要件）、業務（業務要件）のように作業を分担します。しかしこの方法だと、どのチームが担当するのかあいまいな項目がある、抜け落ちてしまう項目が発生する、ということが起こり得ます。

　それを防ぐために有効なのがシステム構成図です。図2のようにどのチームがどこを担当するのか割り当てて、枠線を引きます。こうすることで、作業の抜け漏れを防ぎつつ、各チームに自分たちの担当を分かりやすく認識させることができます。

　なお、体制図の中のメンバー名は、この段階では空白でかまいません。人員の手配や関係会社の手配が終わらないと埋まらないためです。

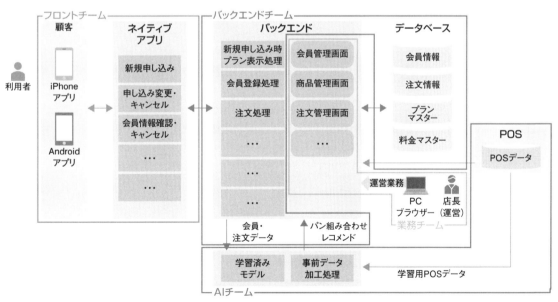

図5 システム構成図に線を引き、要件定義作業を分担する

関係者の協力を打診し協力会社を選定する

要件定義を円滑に開始するには、人員の手配が重要です。要件定義では、UX（ユーザーエクスペリエンス）やワイヤーフレーム（画面レイアウト）を担当するデザイナー、機械学習エンジニア、データサイエンティスト、業務の担当者、関連システムの担当者など、多くの関係者にプロジェクトに参画してもらう必要があります。この人たちの協力を得られるかどうかが、要件定義成功のカギを握ります。

協力の打診は、プロジェクト計画書が一通り作成できたタイミングで実施します。しっかりしたプロジェクト計画書があると、自分の力がなぜ必要なのか、どの程度の負荷がかかるかが分かりやすいため協力を得られやすくなります。逆に計画書がなければ、「何をやるのかあいまいだ、下手に協力したら危険だな」と思われて、断られる可能性が高まります。

デザイン会社、AI（人工知能）開発会社、スマートフォンアプリ開発会社などに要件定義を委託する場合は、これらの会社に対してRFP（提案依頼書）を提示して見積もりを取り、必要に応じて選定を行います。RFPは、サービス企画書とプロジェクト計画書さえあれば、あとは提案依頼事項をまとめる程度で作成可能です。その意味でも、計画書は有用です。

社内の関係部署や関連システムへの協力も打診します。このとき、プロジェクトオーナーが社長や役員であれば調整が円滑に進みます。トップダウンで、ある程度の強制力を持って協力を打診できるからです。そうでない場合、部長間での調整や、さらに上の役員への稟議などが必要になります。様々な人に何回も説明をするなど作業コストがかかるだけでなく、時間もどんどん失われていく可能性があります。

ここでも社長や役員を巻き込んでおくことの重要性が改めて理解いただけるかと思います。

第3章

PoC の進め方

3-1　PoC の重要性

サービスの実現性を検証
タイミングは規模で異なる

開発しようとしているサービスのコンセプトが実現可能かを検証するのが「PoC（概念実証）」だ。PoC の実施タイミングはプロジェクトの規模によって異なる。どこにリスクがあるのかを特定して、PoC で具体的に何を検証するのかを決める必要がある。

　DX プロジェクトを進める上で重要な工程が「PoC」です。PoC とは「Proof of Concept（概念実証）」の略称です。開発しようとしているサービスのコンセプトが本当に実現可能かどうかを検証する作業です。

　DX プロジェクトでは多くの場合、枯れた技術ではなく、AI などの新しい技術を利用します。このため、「思ったように精度が出ない」「データが想定通りに集まらない」などのリスクがつきものです。

　このリスクを考慮せずに全体のスケジュールを組み立てると、技術面の問題を解消できずに、プロジェクト全体がずるずると遅延していく恐れがあります。これを防ぐために、PoC があるのです。

　PoC で実施する内容は、プロジェクトによって異なります。ここでは PoC をどのように進めるべきかについて解説します。

PoCはどのタイミングで実施するのか

　まずは実施のタイミングです。サービスの企画後か、要件定義後かで迷うケースが多いようです。

　答えは、開発するサービスの規模によって異なると筆者は考えます。例えば、AI がサービスのコアとなる機能でそれ以外の機能が少ない場合、つまり AI 以外のシステム開発規模が小さい場合は、要件定義をした後に PoC を実行するのでも問題ないでしょう。AI の技術リスクがそれ以外のシステム開発に及ぼす影響が小さいためです（**図1**）。また、要件定義をした後のほうが、要求が具体化さ

図1 PoCの実施タイミングはサービスの規模によって異なる

れているため、PoC で検証すべき内容もより明らかになります。

　一方で、今回の JQ ベーカリーの例のように、フロントエンドの画面や決済の仕組み、管理画面など多くの周辺機能があるような場合では、サービス企画の直後に実施すべきです。要件定義の後に PoC を実施すると、PoC の結果どうしても技術リスクが解消されない場合、企画から練り直さなければならなくなります。つまり、要件定義作業が無駄になってしまう恐れがあるのです。

　ただし、技術リスクが解消されないとしても代替案があるような場合は、要件定義後に PoC を実施する方法で問題ないこともあります。プロジェクトの内容によって適切な方法は異なるため、「技術リスクが要件定義に及ぼす影響の大きさ」を考慮しながら、全体の開発プロセスの中で PoC をどこで実施するかを決めるとよいでしょう。

PoCで何を実施するかを決める

　ここからは、PoC で具体的に何を検証するのか、JQ ベーカリーを舞台に見ていきましょう。PoC では、今回のプロジェクトに関わっている以下の 3 人が登場します。

和田さん：今回の DX プロジェクトリーダーで、経営企画室の室長。マーケティング部で実績を積んできた。顧客をよく知っているということでリーダーに抜てきされたが、IT にはあまり詳しくない

平川さん：DX プロジェクトのシステム開発担当で、情報システム部所属。基幹システムの開発には慣れているが、サービス開発は初めて

三宅さん：DX 専門のコンサルティング会社、デジトラコンサルティングの社員。JQ

　　　　ベーカリーに常駐し、「DX プロジェクトリーダー補佐」という肩書で今回の
　　　　プロジェクトを支援している。AI 関連のプロジェクト経験が豊富

　実際にモノを作ってみて、動かしてみて、想定通り動くかを検証するのが PoC
です。しかし、いったいどこまで作るのかという疑問が湧くでしょう。

和田：この間のセミナーで、「AI を入れたけど想定通りの精度が出なかった」とい
　　　う失敗談を聞いたよ。我々のプロジェクトでも AI を入れるわけだけど、ちゃ
　　　んと利用者が満足してくれるレコメンドになるのかな？
平川：いやぁ、それはやってみないとなんとも言えませんね。
和田：でも結構なお金をかけてシステムを構築した後に、「やっぱりダメでした」で
　　　は社長に説明できないよ。
三宅：そうですね。レコメンドの精度が悪いと、サービスの根幹が揺らぎます。「過
　　　去の POS データから実用に足る AI が開発できるかどうか」を PoC として
　　　検証した方が良いと思います。

　このように、PoC の実施内容を決めるには、まず「どこにリスクがあるのか」
を特定する必要があります。リスクの特定は、その分野のノウハウや経験がどう
しても必要になります。自社の知見だけに頼らず、利用する技術分野に詳しい人
の協力を仰ぐとよいでしょう。
　朝食パンのレコメンドサービスでは、最も技術的な難易度が高いのはやはり AI
の部分だと考えられます。POS データなどを基に、2 種類のパンから顧客の好み
のパンがどちらかを当てる AI を構築したら、精度が 50％だったとします。これ
は半分しか当たらないことを意味しますので、コインを投げるのと大して変わり
ありません。わざわざ AI を作る必要がないのです。
　技術リスクは、AI だけの話ではありません。例えば IoT プロジェクトの場合、
センサーなどを備えた機器（エッジ）がきちんと動作するか、正常に通信できる
かなどの物理的な検証が必要です。こうしたことも、PoC を通じて確認します。

どんな結果なら"良し"か 目的と目標値を決める

PoC を実施するに当たっては、発生する作業や役割分担、スケジュールなどを整理した実施計画を作成する。計画では、検証によってどういう結果が出たら"良し"とするのかという目標値を定義することが重要だ。

3-1 で PoC の目的や検証する範囲を決めました。次にすべきことは何でしょうか。

和田：少なくとも POS データを管理しているマーケティング部にデータ提供を依頼しないといけないね。マーケ部は古巣で知り合いも多いから、すぐに頼んでみるよ。

三宅：あ…、ちょっとお待ちください。依頼の前に PoC 実施計画書を作って、作業やスケジュールを具体化して整理した方がよいと思います。

平川：PoC 実施計画書？どんなことを書くんですか？

三宅：マーケティング部に向けては、PoC で何をしたいのか、POS データがいつまでに欲しいのか、必要なのはどの範囲のデータなのかといったことですね。

PoC の目的や大まかなスコープを整理した後は、三宅さんの言うように PoC 実施計画をまとめます。

PoC であってもデータの提供元の部署や開発会社など、少なからぬ人たちが関わります。PoC 実施の準備作業にもいろいろな項目があるので、発生する作業、役割分担、スケジュールなどを整理します。何を検証するのか、検証してどんな結果が出たら"良し"と判断するのかなどの目標を定めます。

PoC 計画書の構成の例と、記載すべき内容を見てみましょう（**図1**）。

目的
最初に PoC の目的を記載します。例えば以下のように、検証する内容や目標

コンテンツ	記載する内容
PoCの 目的・目標	●想定する技術的リスクと検証目的、目標KPIや結果 　を受けてのアクション案 　例)パンレコメンドAIの予測精度を検証する
スコープ	●サービス全体の中で、検証対象とする範囲 　(サービス、機能／データ、インフラ、業務運用 　それぞれのレイヤーで整理)
実施内容	●PoC実施内容(具体的にどのような検証をするのか)
システム・環境	●必要な機能／データ、インフラ、連携先システム ●その構成図
準備／実施作業	●PoC実施に当たって必要となる準備作業 ●PoC実施時の作業
体制・役割	●準備、実施の体制 ●役割分担
スケジュール	●準備スケジュール ●実施スケジュール
管理・運営方法	●会議体の定義、その他コミュニケーションルール ●進捗管理などプロジェクト管理方針

図1 PoC計画書に記載すべき内容

値などを明確にします。

・過去 1 年分の POS データを用いて、パンレコメンド AI が 80％の精度でレコメ
　ンドデータを作成できるかを検証する
・過去 1 年分 POS データの連携とパンレコメンド AI 基盤への取り込み処理が、
　1 時間以内に処理できるかを検証する

　こうした目標の定義がないと、PoC の結果をどう判断すればいいかが分かり
ません。例えば 80％の精度が出ればよいとするのか、90％なければダメなのか
を決めます。

　なお、レコメンドは一般的には教師なし学習の部類になると考えられます。こ
の場合、教師あり学習と異なり正解データがないので、精度をどう測るかが問題
になります。パンのレコメンドの場合、例えば購入者のうちサンプルで 100 人を
ピックアップして、彼らの購入履歴とレコメンド結果を人間が見比べて、レコメ

ンドがもっともらしいかどうかを判断する、というような検証方法になると想定されます。

　精度の数値は、80人のレコメンドがもっともらしければ80%、50人程度しかもっともらしくなければ50%ということになります。この「もっともらしさ」の定義をある程度、機械的・数値的に行えそうであれば、人間でなくてもシステムで精度を算出できます。

　提供するサービスによってこの精度に対する要求の高さは異なります。高い精度が求められる分野の代表が医療です。病気の診断にAIを使う場合、かなりの高精度でなければ誤診につながる恐れがあります。

　目標を決める際は、機械学習エンジニアやデータサイエンティストなどの専門家にも、期待できる精度を確認し意見を聞いた方がよいでしょう。また、目標の達成可否によるその後の動きを、仮でもよいので定めておくことをお勧めします。例えば、以下のような基準とその後の動きが考えられます。

・80%を達成したら次のステップに行く（本格開発に向けた予算を調整など）
・70%〜80%の場合、チューニング余地の有無によって次のステップに行くか判断する
・70%未満の場合は、2回までPoCを繰り返す。それでも達成しない場合は、開発を断念する

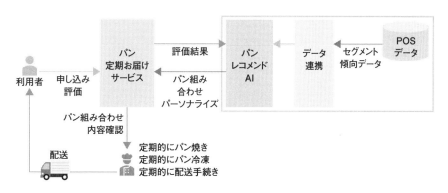

図2 PoCで検証する範囲を図で示す

　この内容を経営陣に説明して了解を取っておくと、PoC 後の作業を素早く開始できます。そうしないと、ゴールが不明確で PoC の成否を判断できません。仮に良い結果だったとしても、PoC 後の作業に入るための諸々の説明や決裁に時間がかかってしまいます。

スコープ

　サービス全体のどの部分を PoC で検証するかを示します。誰もが範囲を正確に理解できるように、図などで表現するとよいでしょう（**図 2**）。

実施内容

　PoC で、具体的にどのような検証を実施するかをまとめます。

　例えば、N 年分の POS データを基に、レコメンド AI の学習モデルを構築し、その精度を検証するというものです。ここをはっきりしておかないと必要な環境や作業が明らかにならないため、しっかりと具体化しましょう。

システム・環境

　システム・環境では、PoC を実行するシステム構成を描きます。例えばクラウド上なのか、ローカル PC 上で動作させるのかなどを決めます。

　データの受信性能も検証したいといった場合、データ連携をするための基盤の準備が必要になります。一方で学習モデルの検証は、性能面ではなく精度の検証のため、ローカル PC でも構わないということになります。

準備・実施作業

　準備や実施に協力してくれる関係者のタスクを整理します。JQ ベーカリーの例では、以下のような準備作業が発生するでしょう。

・POS データの具体的な抽出条件の指定
・POS データの提供依頼
・ファイルサーバーやデータ連携環境の構築（それに伴うライセンス契約、セッ

図3 サイクルごとに見直しを実施する期間を設ける

トアップも含む）

・学習モデル開発環境の構築

・実施手順の作成（データ連携検証のみ）

　これらの作業は、2〜3回のサイクルで実施する想定で定義しておくべきです。PoC は1回で終わることはまれであるためです。

　1回目はデータや手順の不備、学習モデルの精度が出ないなどの問題が起こる可能性があります。2回目以降で初めて正しい状態で検証ができ、学習モデルの精度を高められます。

スケジュール

　スケジュールを決める際は、準備にかかる時間を見込むことと、実施サイクルの間の振り返りと対策の見直し期間を十分に設けることが重要です（**図3**）。

PoCの結果を踏まえて再計画する

　JQ ベーカリーでは以上のような計画の下、PoC を実施しました。その結果はどうだったのでしょう。

和田：全体としては 78％の精度か。80％には届いてないけど、まぁいいんじゃない？

三宅：そうですね、目標はまずまず達成しました。ただ、60 代以上の高齢者のセグメントのレコメンド精度が 58％と低いのが気になります。

　和田：何か対策はあるの？

　三宅：60 代以上のセグメントの POS データが明らかに不足しています。なので、
　　　　過去 3 年分まで範囲を広げてみて、AI に入力するデータを増やしてみては
　　　　どうでしょう。

　このように、AI の場合はデータの不足によって精度が出ないことがあります。
全体としては十分なデータ量があるものの、あるセグメントに絞ると少ないと
いったケースが多々あるのです。こうした場合は、「そのセグメントを AI の対象
外にする」「データをさらに集める」「ほかのセグメントとマージしてしまう」な
どの対策があります。

　また、JQ ベーカリーの例では POS データしか利用しないためパラメーターの
種類が少ないのですが、様々なデータを用いる場合、どのパラメーターを使うの
かという点も AI 精度向上のポイントです。

　ここで言うパラメーターとは、AI に入力するデータの項目のことです。「特徴
量」とも呼ばれます。例えば、性別・年代・地域と購入商品をインプットにして
AI に学習をさせるのと、性別・年代と購入商品だけをインプットに学習をさせ
るのでは、得られる結果はおのずと異なります。

　手元にあるデータを基にどのような手（データを増やす／パラメーターを増や
すなど）を打てるか検討し、どのタイミング（次の PoC サイクル／本開発など）
で対策を実施するのかを決めていきます。

利用者の意見を聞き
思い込みの失敗を排除する

新サービスの開発時に自社の都合や思い込みによる失敗を早期に排除するためには、テストマーケティングを実施すべきだ。想定する利用者にサービス内容を確認してもらい、企画をブラッシュアップする。

　サービスを発案する側は往々にして、自社の都合や自身の思い込みを仮説やサービス案に反映しがちです。例えば、売り上げを重視するあまり提供価値に対して高すぎる価格を設定してしまう、といったケースがあります。企画の作り直しや整合性の確保が面倒なゆえに、実際はあまり存在しなさそうなサービス利用者の課題を無理に作ってしまうこともあります。

　テストマーケティングは、こうした自社都合や思い込みによる失敗を極力早期に排除すべく実施します。構想フェーズで整理した仮説やサービス案を、想定する利用者たちに直接確認してもらい、意見を聞きます。その上で、想定と現実のギャップを把握し、サービス企画案をブラッシュアップします。

　JQベーカリーの例では、構想フェーズで定義した以下のサービス利用者像と課題の仮説を検証し、パンを定期的に届けるというサービス案に対する評価と意見収集を実施します（図1）。

テストマーケティングを実施するタイミング

　テストマーケティングを行うには、実際の利用者に意見をもらうために、ある

利用者		課題		サービス案
パンが好きで朝食に美味しいパンが食べたいと考えている、都市部のビジネスパーソン	×	パン屋さんのパンを買いたいが、パン屋が開いている時間帯に帰宅できない。買いだめして冷凍する時間もないできれば、健康やカロリーにも配慮したい	×	【パーソナライズドパン定期お届けサービス】ユーザーに最適なパンを組み合わせて定期的に自宅にお届け

図1 JQベーカリーが定義したサービス利用者像と課題、サービス案

程度のイメージが必要です。例えば、企画案を説明した文章だけでは、利用者がどんなサービスかをイメージするのは難しいでしょう。

ワイヤーフレーム（Web サイトの構造を線で表現したもの）があっても、やはりイメージはしにくいと思います。完璧でなくても、サービスのコンセプトを踏まえたデザインが施された一連の画面デザインやモックアップ程度は欲しいところです。

もう 1 つ大事なことは、設計や実装が進んでしまう前にテストマーケティングを実施することです。

プログラミングなどの実装が進むと、軌道修正をする場合は多くのコストがかかります。例えばテストマーケティングの結果、サービス利用者のニーズが想定と異なっていたとします。そのときに既に多くの画面の設計や製造が終わっていたとしたら、かなりの作業をやり直さなくてはなりません。

その影響分析や手戻りの工数はかなり大きな規模になるはずです。つまり、設計の前までにはテストマーケティングを終わらせておく必要があります。以上を踏まえると、テストマーケティングは、構想フェーズ終了後から設計フェーズ開始までの間に実施する必要があると言えます。

PoC とどちらが先かというと、テストマーケティングが先の方がよいでしょう。仮説やサービス案が変わったら利用する技術も変わる可能性がある、つまり PoC の内容も変わり得るからです。

サービス企画の終了後、要件定義後のどちらで実施すべきかについては、PoC

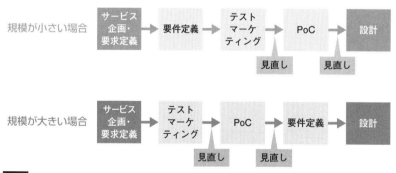

図2 テストマーケティングを実施すべきタイミング

と同様、サービスの開発規模によって決めるとよいでしょう。規模が大きい場合は、要件定義自体が結構な工数になることが想定されるため、サービス企画の終了後が望ましいと考えられます。規模が小さい場合は要件定義後の方がよいでしょう（図2）。

テストマーケティングの準備と実施内容

テストマーケティングでサービス利用者の意見を聞く方法には、複数人にまとめてインタビューするグループインタビューや、1対1で話を聞くデプスインタビューなどがあります。

グループインタビューは、まとめて多くの人数の意見を聞ける、場が盛り上がれば多くのアイデアが得られるなどのメリットがあります。一方で、グループで話を聞くので特定の人の意見に引っ張られる、1人ずつ深く話を聞けないといったリスクがあります。

デプスインタビューは、1人にじっくりと意見を聞けるメリットがあります。しかし1対1なので、グループインタビューに比べると多くの人の意見を聞くにはコストと労力がかかります。

サービス利用者のターゲットが絞れているかどうか、時間やコストの制約がどれくらいかなどを考慮して、どちらの方法を採用するか決めましょう。

話を聞くサービス利用者を集める

次に、該当するサ利用者を集めます（図3）。これをリクルート作業と呼びます。

JQベーカリーの利用者の課題や仮説、サービス案の検証をするには、どのような利用者を集めるべきでしょうか。和田さんたちのチームは、以下のような条件をまとめました。

・性別は男女両方
・20 ～ 30 代
・東京 23 区や横浜、大阪、名古屋などの大都市圏在住
・有職者
・帰宅時間が 20 時以降であることが週 n 回以上

利用者		課題
パンが好きで朝食に美味しいパンが食べたいと考えている、都市部のビジネスパーソン	×	パン屋さんのパンを買いたいが、パン屋が開いている時間帯に帰宅できない。買いだめして冷凍する時間もない。できれば、健康やカロリーにも配慮したい

図3 想定する利用者像と課題に適合する人にインタビューする

・朝食にパン屋のパンを食べたい意向がある

平川：今回のサービスで想定する利用者像が網羅されていると思います。これでリクルートを始めましょうか。

三宅：ほぼ問題ないのですが、もう 1 つ重要なポイントがあります。

和田：えっ。どんなこと？

三宅：「新しいものが好きな人」であることが大切なんです。

　三宅さんが指摘しているのは、比較的新しいものに対する興味や許容度の高いサービス利用者（いわゆるアーリアダプター）を集める必要があるということです。テストマーケティングは、サービス開発の中でも初期に実施します。多くの人が使い始めてから初めて使うという性格の人の場合、最初から新しいものに対して懐疑的なこともあるため、有益な意見が得られにくいのです。

　アーリアダプターかどうかは、新商品に対する購買行動（よく買うかどうか）や、比較的先進的な Web サービスの利用者かどうかなどの設問で確認します。適切な設問はサービス内容や取り扱う商品などによって異なるため、サービスごとに設計が必要です。

　サービス利用者のリクルート方法については、知人のつてで条件に合致する人を集める、既に自社の顧客になっている人から募集する、リクルートの専門会社に依頼するなどの手段があります。予算があれば、専門会社に依頼するのが確実ですし、早く集められるでしょう。

インタビューフローや会場の準備をする

　インタビューを実施する際は、何を確認するのか事前にまとめておきます。確

カテゴリー	確認点	提示物	インタビュー内容
生活文脈の確認	パンの購入行動について確認	－	普段パンを購入するとしたら、どちらのお店で買いますか？また主にどんなパンを購入されますか
	パンの嗜好性について確認	－	パンはどのように選びますか？普段のルールや気にしていることなどがあれば教えてください
		⋮	
課題仮説・サービス案の確認	朝食にパン屋のパンを食べたい理由の確認	－	アンケートで朝食にパン屋のパンを食べたいと回答されていますが、その理由や思いなどがあれば教えてください（スーパーのパンではダメな理由、パン屋のパンを食べるとどんな気分になるかなどを深掘り）
	サービス案の確認	サービス案説明資料 モックアップ画面	これから、皆さんのために考案したサービス案をご説明します。その後、実際にそのサービスをイメージ化したものをスマホ画面で操作いただきます。操作した上でどのように思われたか率直な感想を教えてください（「自分のためのサービス」と感じたかなどを深掘り）
		⋮	

図4 インタビューフローのイメージ

認すべきポイントを整理するとともに、それを聞き出すための質問文を用意します。どのタイミングで画面のモックアップを見せるのかなど、提示するツールや資料も明らかにしておきます（図4）。

　質問の仕方や流れによって、インタビューで得られる内容は変わります。予算があれば、やはり調査会社のリサーチャーなどに設計を依頼するとよいでしょう。

　インタビュー手法や人数などに応じて、会場も準備します。自社の会議室でもよいのですが、静かで周囲に気を使わずに話せるなど、インタビューに集中できる環境を用意しましょう。これも調査会社に依頼すると、インタビューの専用会場を用意してくれます。

　資料などを滞りなく提示できるように、パソコンやプロジェクターの準備をする、録音用のマイクを置いておくなど会場のセットアップも行います。手渡しの場合は謝礼も用意しておきます。

結果を基にサービス企画案を改善する

　インタビューで聞いた話を分析、解釈し、サービス企画案や要求定義、要件定義内容に反映します。

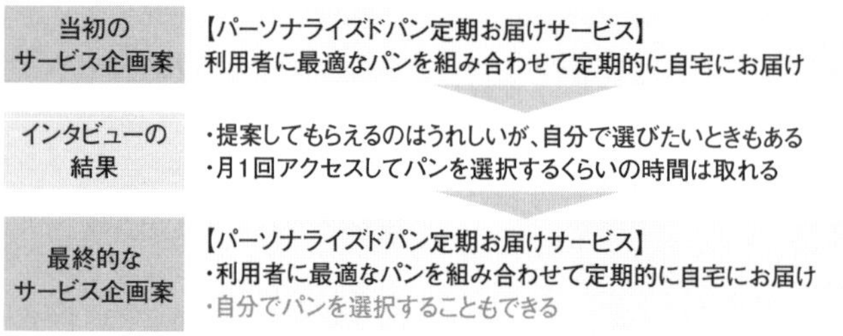

当初の サービス企画案	【パーソナライズドパン定期お届けサービス】 利用者に最適なパンを組み合わせて定期的に自宅にお届け
インタビューの 結果	・提案してもらえるのはうれしいが、自分で選びたいときもある ・月1回アクセスしてパンを選択するくらいの時間は取れる
最終的な サービス企画案	【パーソナライズドパン定期お届けサービス】 ・利用者に最適なパンを組み合わせて定期的に自宅にお届け ・自分でパンを選択することもできる

図5 インタビューの結果を基に、サービス企画案を改善する

　JQ ベーカリーのインタビューでは、図5のようにパンのレコメンドに価値を感じつつも、自分で選ぶオプションも欲しいという意見が多く得られました。この場合、サービス案に自分で選択できるという要求を追加し、さらにそれを画面に反映していく必要があります。

　場合によっては、サービス企画案の根本を揺るがすような意見が多く出る可能性もあります。こうしたときは残念ながら、情報収集や整理が甘かったとあきらめて、サービス企画案を練り直す必要があります。

　例えば、想定していたような利用者の課題は存在しなかった、といった場合です。こうした不備に気づき、排除するための作業がテストマーケティングですから、早期に分かってよかったと考えて企画案を考え直しましょう。

第4章

要件定義フェーズの進め方

4-1　要件定義フェーズの全体像

既存業務なしから始める
「機能」を先に定義する

DX プロジェクトで新サービスを開発する場合、既存の業務を整理してからシステム要件を定義するという、基幹系システム開発の定石は通用しない。システム化の対象となる既存業務がないところから始めることになる。その前提の下、要件定義をどう進めるべきかを解説する。

　JQ ベーカリーではサービスの企画・構想フェーズが終わり、いよいよ中身を具体化していく要件定義工程に入ります。要件定義の作業計画を立てようとしている、DX リーダーの和田さんと、システム開発担当の平川さん、JQ ベーカリーに常駐するコンサルタント三宅さんの会話を見てみましょう。

和田：さて、いよいよ要件定義だね。どう進めようかね。

平川：そうですね、まずは業務要件定義をして、その後システム機能要件定義に移るのが定石ですね。

和田：なるほど。ただ「業務要件」と言われても、新しいサービスだから既存業務がないよね？

平川：うーん……、確かに。

三宅：新サービス開発の要件定義は、基幹系システム開発とは手順が異なるんです。

　この会話のように、DX プロジェクトで新サービスを開発する場合、既存業務はありません。システム化の対象となる業務を整理してからシステム要件を定義するという、基幹系システム開発の定石は通用しません。

　ではどうすればよいのでしょう。実は DX プロジェクトでも、その内容によって要件定義作業の進め方は異なります。具体的に見ていきましょう（**図1**）。

　最初に、基幹系システム開発プロジェクトの要件定義の流れを確認しておきます。生命保険会社の保険引受（契約の締結）関連のシステムを例にします。保険

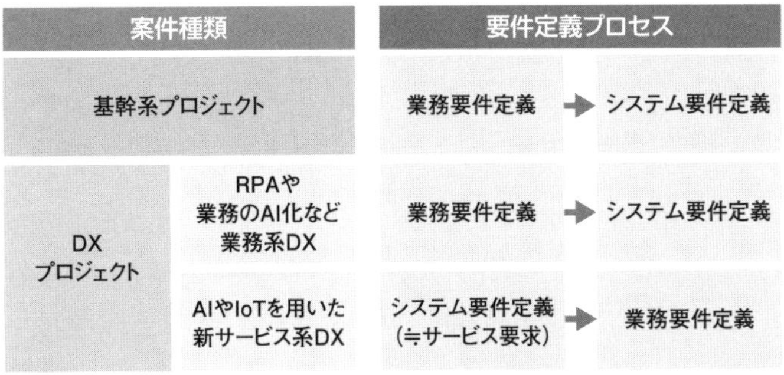

案件種類		要件定義プロセス	
基幹系プロジェクト		業務要件定義 ➡ システム要件定義	
DXプロジェクト	RPAや業務のAI化など業務系DX	業務要件定義 ➡ システム要件定義	
	AIやIoTを用いた新サービス系DX	システム要件定義（≒サービス要求） ➡ 業務要件定義	

図1 DXプロジェクトと基幹系システム開発プロジェクトの要件定義作業の違い

引受にまつわる業務としては、保険の申し込み内容に不備がないかのチェックや、被保険者の総額保険金額の確認などがあります。これを整理したものが業務要件です。

　保険会社では、新しい保険商品を開発する際に、既存の業務のどこをどう変えるのかを業務要件としてまとめます。この業務の中で、どこをシステム化するのか、またはどのシステム機能に変更があるのかをまとめるのがシステム要件定義です。

業務改革系の要件定義は基幹系と同じ

　これがDXプロジェクトではどうなるのでしょうか。業務系DXプロジェクトには、現行ではやっていないことをAIやIoTを活用して行うケースと、現行で行っている業務を自動化するケースの2種類あります。RPA（ロボティック・プロセス・オートメーション）は後者に当たります。RPAによる手作業の自動化をDXと呼ぶかは議論が分かれるところですが、ここではひとまずDXプロジェクトとして考えます。

　RPAでは、既存の業務（作業）があり、それをどう自動化するかを考えます。つまり、基本的には基幹系システムと同じ要件定義の流れになります。

　例えば、領収書をAIを活用したOCR（光学文字認識）システムで読み込み、読み取った情報を会計システムに入力するシステムを構築する場合、領収書の処理手続き自体は既存業務として存在しているので、それが業務要件となります。

その手続きの中でどの部分を AI や RPA を用いて自動化するかが、システム要件に当たります。

新サービス系は「機能」を先に定義する

AI などを用いた新サービス開発プロジェクトの場合は、既存の業務があるわけではないので、業務要件が存在しません。ではどのように進めればよいかというと、先にサービスの利用者にどのような機能、サービスを提供するかを定義します。Web アプリやスマートフォンアプリならば画面、サービス利用者が操作する機器ならば機器のユーザーインターフェースの案をまとめます。

利用者にどんなサービスを提供したいか、システム機能の整理をしながら定義

表1 新サービス開発の要件定義で必要な作業

要件定義種類	作業内容	定義すること、成果物
フロントエンド機能要件定義（エンドユーザー機能要件定義）	エンドユーザー（サービス利用者）向けにどのようなサービス、機能（画面や通知などの UI）を提供するかを定義する	・フロント機能（画面）要件定義書 - 画面ワイヤーフレーム、処理要件 - 画面遷移 - 画面一覧 - メール、SMS 一覧 - プッシュ通知一覧 - 対応 OS、ブラウザー など
業務要件／管理機能要件定義	サービスを提供するために必要な運営業務とその内容を定義する ・運営業務をサポートする管理機能として必要な機能（画面など）を定義する	・業務要件定義書 - 業務一覧 - 業務処理要件（業務ごと） ・管理画面一覧 ・管理画面ワイヤーフレーム、処理内容 ・帳票、ファイル一覧 など
AI 機能要件定義	AI の目的や処理概要、出力データの定義、入力データの条件や加工要件などを定義する	・AI 機能要件定義書
バックエンド機能要件定義	フロントエンド機能や管理機能などを実現するために必要なバックエンド機能やデータ、他システムとのインターフェースなどを定義する	・API 一覧 ・バッチ一覧 ・インターフェース一覧 ・帳票、ファイル一覧 ・データ一覧／概念 E-R 図 など
非機能要件定義	想定アクセス数や利用者数、可用性などインフラに求められる規模や、システム構成を決める上で必要な非機能面の要件を定義する	・非機能要件定義書 - アクセス数、利用者数 - 安全性要件 - 性能要件 など

していくのです。つまりシステム要件定義は、サービス要求定義作業の見直し・具体化作業でもあります。

どんなサービスを提供するかが決まった後は、それを運営するための業務として何が必要かを定義します。業務要件を業務プロセスの要件と捉えれば、新サービス開発プロジェクトにおける要件定義プロセスは「システム要件定義」→「業務要件定義」の順序、つまり基幹系プロジェクトとは逆の流れになります。

新サービス系DXプロジェクトの要件定義作業内容とは

新サービス系 DX プロジェクトの要件定義作業について、さらに詳しく見ていきましょう。まず、どのような作業が必要になるかを整理します（**表1**）。

JQ ベーカリーのプロジェクトの場合、どの部分の要件定義を行うのかを**図2**に示します。会員管理や注文管理など、各店舗の店長などの運営担当が担う業務が対象になります。

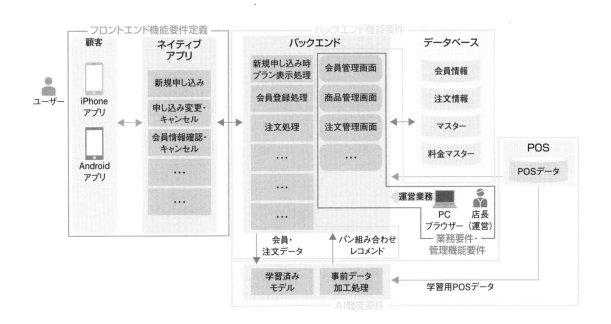

図2 JQベーカリーのサービスにおける要件定義作業の種類

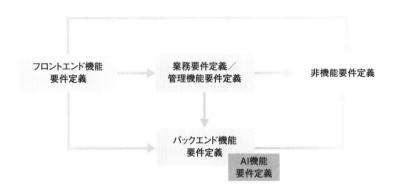

図3 要件定義作業の全体像

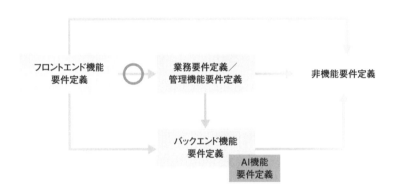

図4 フロントエンド機能要件と業務要件／管理機能要件の作業の関係性

　表１に挙げた５種類の作業は、図３のように進めます。まずサービス利用者向けの機能（フロントエンド機能）を整理して、提供したいサービスや実現したいことを固めます。

　次に、そのサービスを提供するために必要な運営業務やその業務をサポートする管理機能の内容を定義します。その上で、フロントエンド機能や管理機能を実現するために必要なAI機能やバックエンド側の機能やデータ、関連システムとのインターフェースを定義します。

　最後にすべての要件を受けて、可用性や安全性といった非機能要件を定義して

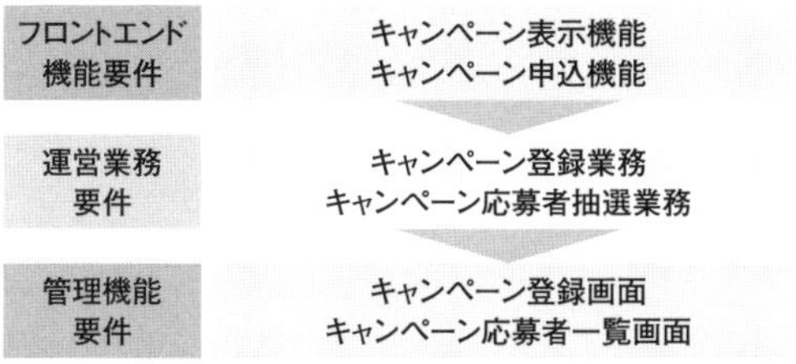

フロントエンド機能要件	キャンペーン表示機能 キャンペーン申込機能
運営業務要件	キャンペーン登録業務 キャンペーン応募者抽選業務
管理機能要件	キャンペーン登録画面 キャンペーン応募者一覧画面

図5 フロントエンド機能要件が運営業務や管理機能の要件に影響する

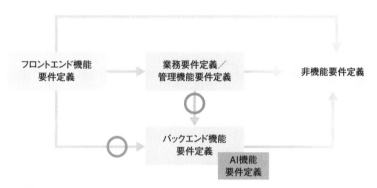

図6 フロントエンド機能要件・業務要件／管理機能要件と、AI機能要件・バックエンド機能要件の関係性

いきます。

　個々の作業の関係性を、詳しく見ていきます。まず、フロントエンド機能要件と業務要件／管理機能要件の作業の関係性について解説します（図4）。

　新サービス開発系プロジェクトの場合、先にサービス利用者向けの機能を決めないと、業務要件が確定しません（図5）。例えば、パンレコメンドサービスの利用者向け機能要件の検討中、「サービス利用者側の画面に、本社や店舗が企画・運営するキャンペーンを表示し、利用者がそれに応募できる」という要件が出てきたとします。

　キャンペーンを表示するには、キャンペーンの登録業務が必要になります。また、サービス利用者がキャンペーンに応募できるようにするには、応募者を確認して、抽選作業を行うという業務も発生します。

フロントエンド 機能要件	性別・年代・居住地域、嗜好性（希望カロリー）からお薦め のパンを3つ、または5つ提示する
AI機能要件	過去のPOSデータから、性別・年代・居住地域ごとによく 購入されるパンの組み合わせ3つを抽出する 過去のPOSデータから、性別・年代・居住地域ごとによく 購入されるパンの組み合わせ5つを抽出する

図7 AI機能要件は、フロントエンド機能要件を受けて決まる

フロントエンド 機能要件	支払い方法として口座振替も可能にする
バックエンド 機能要件	口座振替請求データ作成バッチ機能 口座振替請求結果データ取り込みバッチ機能

図8 バックエンド機能要件もフロントエンド機能要件の影響を受ける

　業務を行うためには、管理画面も必要です。キャンペーンの登録画面や応募者を一覧で参照する画面などです。

　このように、新サービス系開発プロジェクトの要件定義では、まずシステム要件の中のフロントエンド機能要件を決めます。その結果、必要な運営業務が整理されていくという段取りになるのです。

　続いて、フロントエンド機能要件や業務要件／管理機能要件と、AI 機能要件／バックエンド機能要件の作業の関係性を見ていきましょう（**図6**）。

　AI 機能要件は、フロントエンド機能要件の決定を受けて決まっていきます（**図7**）。例えば、フロントエンド機能要件で、「レコメンドするパンの数には3つと5つのパターンがある」という要件にしたとします。この場合、AI の要件でも、3つの組み合わせを抽出するための学習と、5つの組み合わせを抽出するための学習の2種類が必要になります。

　バックエンド機能要件も、フロントエンド機能要件の決定を受けて決まります（**図8**）。例えばフロントエンド機能要件で、「支払い方法として口座振替も可能にする」とした場合。口座振替を代行する収納代行業者に請求データを送る必要があるため、バックエンド側に口座振替請求データを作成するバッチ機能や、請求

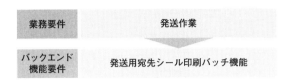

図9 バックエンド機能要件は業務要件の影響も受ける

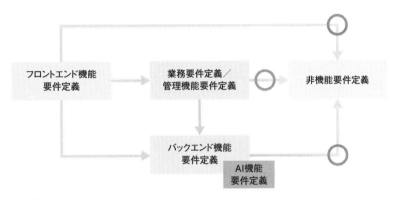

図10 非機能要件は各種機能要件の影響を受けて決まる

結果を取り込むバッチ機能を用意することが求められます。

　バックエンド機能要件は、業務要件の影響も受けます（図9）。パン発送用の箱に宛先シールを貼る業務を店舗で実施する場合、いちいち印刷するのは面倒です。発送対象の会員分の宛先シールを一括で印刷するバックエンド機能が必要になることが想定されます。

　このようにバックエンド機能要件は、フロントエンド機能や業務要件／管理機能要件などを受けて整理していきます。

非機能要件は様々な要件の影響を受ける

　最後に非機能要件です。これはフロントエンド機能、業務要件／管理機能要件、バックエンド要件それぞれの影響を受けます（図10）。

　例えば、このサービスに求められる性能要件は、キャンペーン表示・申し込み機能を付けるのと付けないのとで大きく変わってきます。キャンペーン表示・申

し込み機能を付けなければ、月1回レコメンドされるパンをスマートフォン上で確認する程度のアクセスしかありません。キャンペーン表示・申し込みができるようになると、キャンペーンの期間にもよりますが、多くのサービス利用者が同時期にアクセスすることになります。

　セキュリティー要件も影響を受けます。業務要件や管理機能要件として、キャンペーンの当選業務を店舗で行うことになったら、個人情報を店舗で取り扱うことになるため高いセキュリティーが求められます。バックエンド機能要件として口座振替請求データを外部の収納代行業者に送る必要があるとしたら、やはりセキュリティー要件に関係します。

　なお、可用性要件についてはどうでしょうか。可用性要件とは、どの程度システムを停止させたくないのか（高い稼働率を確保したいのか）の要件です。パンの確認やキャンペーン申し込みができるサービス程度であれば、「絶対にサービスをダウンさせてはいけない」というような高い可用性は求められないでしょう。

　このように非機能要件は、各種要件を踏まえて固めていく必要があります。

「機能」を先に決めて
画面構成の詳細を定義

フロントエンド要件定義では、エンドユーザーにどのようなサービスを提供するかを決める。具体的な画面イメージや操作フローを描きながら進めることが大切だ。業務、管理機能、バックエンド機能を想定しながら現実的な内容にしていく。

　4-2からは、新サービス開発系DXプロジェクトの要件定義を詳しく説明していきます。まず、最も重要なフロントエンド機能要件定義について見ていきましょう（図1）。

　フロントエンド機能要件定義では、エンドユーザーにどのようなサービス（機能やコンテンツ）を提供するかを決めます。4-1で解説した通り、業務要件／管理機能要件、バックエンド要件／AI機能要件など多くの要件に影響を与える重要な作業です。

　具体的な画面のワイヤーフレームを描きながら、通知などユーザーとの間にどのようなコミュニケーションを発生させるかも含めて、提供するサービス内容を改めて決めていきます。

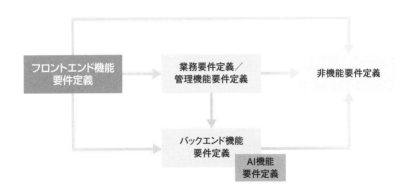

図1 最も重要なフロントエンド機能要件定義

　表1に主な作業をまとめます。Web アプリ／スマートフォンアプリ向けサービス開発を想定したものです。

和田：フロントエンド機能要件定義で、何をすべきかは分かった。でもこれ、我々でできるのかな？

平川：ええっと……、私は業務システムを作った経験しかないので……。

和田：業務要件は、発注側が出すのが普通だよね。だとしたら、フロントエンド機能要件も我々かな？

平川：うーん……。

三宅：フロントエンド機能要件は、発注側だけで決めるのは難しいと思います。もちろん私も一緒に考えますが、システム開発を委託する KRR ソリューションの協力を得ましょう。

　フロントエンド機能要件定義作業は、業務ではなくシステムに関する要件定義の作業に当たります。このためフロントエンド開発に強い制作会社やデザイン会社、システム開発会社が担当するのが一般的です。

　スマートフォンのアプリケーションや Web サービスの UX（ユーザーエクスペリエンス）や UI は、日々進化しています。

表1 フロントエンド機能要件定義の作業内容

作業種類	作業内容	成果物
画面要件定義	・画面フロー・レイアウト定義・各アクションの定義	・画面一覧 ・画面ワイヤーフレーム、画面処理要件定義
メール・SMS・通知要件定義	・メールや SMS、プッシュ通知などのレイアウトや文面、項目の定義 ・配信条件、配信対象などの定義	・通知一覧 ・メール、SMS、通知のレイアウト定義と条件定義
帳票・ファイル要件定義	・ダウンロードファイルやアップロードファイル、印刷物のレイアウト、項目の定義（帳票やファイルがある場合）	・帳票／ファイル一覧 ・帳票／ファイルのレイアウト、処理要件定義
フロントエンド環境要件定義	・動作保証をする OS やブラウザーの種類の定義	・対応 OS ／ブラウザー一覧

　例えば、スマートフォンアプリで性別や年齢、住所などを入力させる要件にした場合、場合によっては iOS の審査で公開不可と判断される恐れがあります。また、位置情報の取得ルールなども、OS によって様々な制約があります。このあたりの最新事情は、スマートフォンアプリの開発の実績の多い会社ならばよく知っています。

　また、多くの他社事例を知っている人の方が、利用者にとって最適な UX を考えられます。フロントエンド開発に詳しい会社に、要件定義段階から参画してもらうのが無難です。

　とはいえ、そうした会社に全て任せられるわけではありません。発注者であるユーザーとして「何を実現したいか」「何を提供したいか」をきちんと伝える必要があります。What（何を作るか）よりも、How（どう作るか）について外部を頼るという意識で依頼した方がよいでしょう。

リアルな画面イメージを作りながら具体化する

　それでは、主な要件定義作業について 1 つずつ説明していきます。まずは、画面の要件定義です。

　構想フェーズでも簡単な画面イメージはまとめましたが、要件定義フェーズではもっと詳細に検討します（図 2）。画面の構成や表示項目を並べた、「ワイヤーフレーム」と呼ばれるレベルまで具体化します。

　基幹系システム開発プロジェクトの要件定義では、「ここに会員情報を入力する」などエンティティ（情報のかたまり）単位で画面を定義する方法や、主要項目のみを定義する方法が一般的です。しかし DX プロジェクトでは基幹系とは異なり、インプットとなる明確な業務要件がありません。

　そこである程度リアルな画面イメージを作りながら、要件を定義していくというアジャイル的な進め方が必要になります。リアルな画面イメージとは、1 つひとつの表示項目のレベルまで具体化したものです。

　また新サービスの開発では、フロントエンド機能を支えるための管理機能やバックエンド機能が付いてきます。フロントエンド機能だけでも早めに具体化しておかないと、スケジュールが大幅に遅延します。

　そもそも DX プロジェクトは、基幹系システムプロジェクトと比べて、開発期

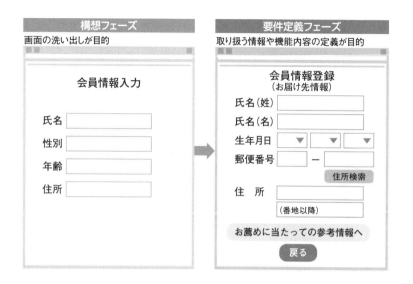

図2 要件定義フェーズでは画面の構成や表示項目をまとめていく

間が短いことがほとんどです。基幹系システムプロジェクトと同じような進め方はできないと心得ましょう。

ユースケースのまとまりごとに要件を定義

　画面要件定義の作業は、構想フェーズで整理したユースケースごと、または関連のある複数ユースケースのまとまりごとに進めていきます（図3）。

　ユースケース単位で要件定義を行う目的は、UX の向上にあります。サービス利用者の一連の画面操作をユースケース単位で考えることで、最も快適な UX を提供できる画面構成や操作フローを検討します。

　中でも優先的に検討すべきなのは、サービスの根幹に関わるユースケースです。JQ ベーカリーのサービスでは、パンのレコメンドがサービスの根幹なので、レコメンドに関わるユースケースの優先度が高くなります。

　実際に、パンのレコメンドに関わるユースケースでどのように画面要件定義を進めていくか見ていきましょう。まず利用者の操作フローを描き、全体の UX を考えながら各画面の構成を検討します（図4）。その構成を基にフローを直すと

アクター／ユースケース一覧

アクター	ユースケース分類	ユースケース
ユーザー	新規申込	定期お届けサービスに申し込む
		お届け内容を確定する
	食べる	届いたパンを食べる
	変更・キャンセル	申し込み内容を変更する
		申し込み内容をキャンセルする
パン屋	注文確認～商品準備	注文のパンを焼き、冷凍する
	配送準備	梱包する
		配送手続きをする
配送業者	配送	商品を受け取り、配送する

図3 ユースケースの単位で画面要件定義を進める

図4 画面フローの全体像を描きながら改善を重ねる

いうように、フローと構成の定義を繰り返しながら完成度を高めていきます。

　例えば、配送するパンをAIが選択する「お任せプラン」と、利用者が自分で選択するプランの2つを用意するとします。画面フローが異なるので、それぞれについて整理します。

　お任せプランの方では、AIがレコメンドをする上で必要となる情報を利用者に

図5 画面レイアウトを表示項目のレベルで検討する

入力させることを意識したフローにしています。こだわり（カロリー）を選択させる、会員情報を入力させる、などです。

都市部と郊外では嗜好性が異なるでしょうし、寒暖差も嗜好性に影響を与える可能性があります。性別・年代による傾向もあるでしょうし、カロリーを気にする人とそうでない人で好みが分かれるかもしれません。こうしたことを考えながら、どんな画面が必要かを検討します。

次に、個々の画面レイアウトを検討します。例えば会員情報を入力する画面レイアウトでは、レコメンドに必要な入力情報を項目レベルで整理していきます（図5）。

全項目を１つの画面で入力させるのか、複数に分けたほうが使いやすいのか。最適な UX を考えながら、画面フローと画面構成を決めていきます。

アプリの挙動や裏側の処理を整理する

画面のフローと構成が大まかに固まったら、各画面の処理要件を定義します。利用者が文字入力や項目選択などのアクションをしたときにアプリがどんな挙動をするか、その裏側でどのような処理が必要かをまとめます。

整理する内容は、情報を出力する画面か、入力させる画面かで異なります。出

■初期表示時処理
・パン商品マスターから「販売中」かつ「食事パン・菓子パン」のカテゴリーの商品をすべて取得する

・商品の登録日時の降順で、食事パン、菓子パンそれぞれ6つの商品の画像と商品名を表示する

■利用期間選択ボタン押下時
・お届け個数分のパンが選択されていない
「あとN個選択してください」とメッセージを表示する
※N個は動的とする

・お届け個数分のパンが選択されている
利用期間選択画面へ遷移する

■利用するAPI
・パン商品マスターAPI

図6 パンの選択画面に関する処理要件の定義例

力の場合、自分でパンを選ぶコースを選択済みの利用者に、パンの選択画面を表示します。このとき、パンの情報をシステムのどこから取得し、どう加工して表示するかを定義する必要があります（図6）。

　JQベーカリーでは、商品情報をまとめた「商品マスター」を既存システムで管理しています。パン選択画面では、このパンの商品マスターから情報を取得して表示します。商品マスターの取得APIが提供されている場合は、このAPIを通じて情報を取り出すという処理を記載します。

　その上で、取得した情報をどのように表示するかを考えます。商品名を文字だけで表示するのか画像を入れるのか、商品名が長い場合どのように表示するのかといったことです。

　表示順や個数も検討します。順序としては、商品の登録日付順、価格が安い順、人気順などが考えられます。また、食事パンで最大何個まで表示するのか、そのしきい値を超える商品はどうするのか、などを決めていきます。

　重要なのは、必要な情報は何か、それをどこから取得するかを明らかにすることです。これがバックエンド機能要件に影響します。例えばAPIがなければ、バッチでデータを取得する機能が必要になります。並び順として、商品マスターにない「人気順」を利用するとしたら、管理画面を新たに作らねばなりません。

　利用者に住所などを入力させる画面では、入力データの検証（バリデーション）として何をチェックするか、データ登録や更新時にどのような処理を行うのか、どのシステムのどの情報を変更する必要があるのかを定義します。

　例えばメールアドレスを ID とする場合、バリデーションとしてメールアドレスの二重登録チェックが必要になります。クレジットカード番号の入力の場合、カード会社のシステムと連携して、カード番号の存在確認や利用金額枠確認などの処理が発生します。

　このサービスで新たに会員登録した利用者を既存の CRM（顧客関係管理）システムでも管理する場合は、CRM システムの登録 API を実行する処理も必要です。DMP（データマネジメントプラットフォーム）などデータ分析用のデータベースがあった場合、そこに対する情報登録も検討します。

　なお、利用者が入力したデータの桁数のバリデーションなどの細かな要件は、要件定義フェーズで決めなくても構いません。こうした要件は、この後に実施するバックエンド要件定義などの作業に影響を与えないことが多いためです。ここでは「後段の作業に影響しそうな項目」を明らかにする、という意識で臨みましょう。

コミュニケーションの手段を定義する

　消費者向けサービスの場合、メールや SMS、プッシュ通知などが利用者とのコミュニケーションの手段として重要です。この通知系の要件定義は、フロントエンド機能要件定義と、業務／管理機能要件定義のそれぞれで実施します。

　フロントエンド機能要件定義では、利用者の行動に伴って発生する通知要件を定義します。業務／管理機能要件定義では、サービス運営側の意向によって発生する通知要件を定義します。

　ここでは、フロントエンド機能要件についての通知系要件定義の進め方を解説します。進め方は、画面レイアウトの定義と基本的に同じです。

　各ユースケースの中で、どのタイミングでどのような通知を出すかを定義します。そのときに、伝えるべき情報をレイアウトとしてまとめます。

　JQベーカリーのパンレコメンドサービスでは、毎月課金が発生するサービスのため、本人確認が重要です。アカウント登録時に携帯電話番号を入力してもらい、SMSを送って本人確認をする必要があるかもしれません。

　月額サービスの申し込みが完了した際には、証拠として確認メールを送付することも必要でしょう。毎回のパンのレコメンド内容が確定したら、その旨をプッシュ通知で知らせてアプリに誘導させるという要件も考えられます。

　利用者に送付するSMSやメール、プッシュ通知がどのような内容になるのかも、ここで定義します。細かい文言は、総合テストなどテスト工程の前までに決めれば問題ありません。

　この段階で決めるべきは、データベースなどから取得して動的に出力する項目を定義することです。どのような情報をどこから取得し、どう加工してどのような順序で、何個表示するのか。いずれもバックエンド要件に影響を与える可能性があるため、要件定義フェーズで明らかにします。

　通知の対象者やタイミングなども定義する必要があります。フロントエンド機能の通知系要件の場合、配信対象者はアクションを起こした人、配信タイミングはリアルタイムになることが多いでしょう。これらに加え、「本人確認用のSMSを送ったが未達だった場合、何回まで再送するか」など細かな配信方法も定義します。

　なお、この後の業務要件や管理機能要件では、「1カ月間ログインしていない人に対して再訪を促す通知を月初に送る」「特定エリアに対してのみ、キャンペーン告知の通知を設定したタイミングで送る」など、配信対象者やタイミングをしっかりと定義する必要が出てきます。

B2Bサービスでは帳票も必要になる

　帳票・ファイル要件の進め方は、メール・SMS・通知要件定義と基本的に同じです。サービスを提供する上で帳票やダウンロードファイルなどが発生する場合は、どんな帳票やファイルが必要か、どんな帳票をどのように生成するのかなどを定義していきます。

帳票やファイルは、B2C サービスの利用者向け要件としてはあまり見かけません。一方で B2B サービスでは、多くの場合必要になります。

どのOSやブラウザーを動作対象とするか?

このサービスの動作対象とする OS や Web ブラウザーを定めます。ここで決めた OS や Web ブラウザーでの動作を保証することになります。

スマートフォンアプリの場合、OS は iOS や Android になります。「バージョン N.N 以上」のように具体的なバージョンも定義します。

Web ブラウザーを通じて提供するアプリの場合、Windows/Mac、iOS/Android など、PC とモバイル端末それぞれの OS をバージョンと共に定めます。Web ブラウザーも同様に、Internet Explorer N.N 以上、Chrome 最新版などのように定義します。

このとき考慮すべきは、開発しようとしているサービスの対象利用者が、どんな端末を使っているかです。比較的年配の利用者も対象とするのであれば、Windows や Internet Explorer の古いバージョンを利用している可能性もあります。一方で若年層を対象としたサービスであれば、対象範囲はもう少し狭めてもよいでしょう。

広い範囲を保証すれば、テストもその分多く実施する必要がありますし、環境に合わせたユーザーインターフェースの修正作業も発生します。古いバージョンの端末を用意するのにもかなり手間がかかります。

実は、今後の作業工数に少なからぬ影響を与える要件なのです。OS やブラウザーのシェア調査なども参考にしながら、慎重に決めていきましょう。

要件定義で広げた「風呂敷」を閉じる

フロントエンド機能要件定義を経て、JQ ベーカリーのサービスの中身は構想フェーズとは変わってきました。

和田：構想フェーズで定義した内容とは、変わってきたね。
平川：そうですね、当初想定していた要求のうちいくつかを削りましたね。
和田：こんなに削って大丈夫なものかな?

三宅：大丈夫です。むしろ削ってよかったと思います。

　構想フェーズではある程度「風呂敷」を広げますが、要件定義は広げた風呂敷を閉じるフェーズです。

　特にフロントエンドエンドの機能要件定義は、業務、管理機能、バックエンド機能に影響を与えます。このタイミングで、人的リソースやスケジュールを考えた現実的な内容にしていく必要があります。

　JQ ベーカリーの場合、構想フェーズでは、宅配するパンを選ぶ際、「食パン」などメインとなるパンのみを選べるようにしようとしていました。実際にはレコメンドロジックが複雑になるという理由と、結局、全て自分で選びたい人がいるのではという仮説から、「自分で選ぶ」というプランに変更になりました。

　このように、構想フェーズで定めたことが要件定義で覆ることは珍しくありません。このあたりが、ウオーターフォール型でがっちりと要件を固めていき、基本的に手戻りをさせないようにする基幹系システムプロジェクトとは違うところです。

　また、B2C サービスの場合、機能をてんこ盛りにするよりもシンプルにした方が、利用者にとっては使いやすいという側面もあります。筆者は、あるスポーツリーグのCRM（顧客関係管理）を目的としたスマートフォンアプリの開発プロジェクトのマネジメントを担当した際、フロントエンド機能要件定義のタイミングでかなりの機能が削られていくのを目の当たりにしました。こんなに削って大丈夫かと思いましたが、結果、利用者にとってはシンプルなアプリになり、リリース後に「シンプルで使いやすい」という高評価のレビューが多く寄せられました。

　サービスの開発側は「あれもこれもやりたい、作りたい」となりがちですが、それがうまくいくとは限りません。利用者側の目線も比較的持っているフロントエンドの開発会社や制作会社の意見をよく聞きながら、要件を絞っていくとよいでしょう。

4-3　業務／管理機能要件定義の作業プロセス

業務や管理機能を整理
分析指標の取得も定義する

新事業や新サービスを開発する DX プロジェクトでは、業務要件と管理機能要件の定義を並行して進めるのが効率的だ。サービス運営を「想像」しながら要件を整理する。要件定義作業には、ある程度の業務プロセスの知識や経験のほかに、管理画面などのシステム機能に関する知見が求められる。

　フロントエンド要件定義を終えた JQ ベーカリー。次に、業務要件定義／管理機能要件定義に移ります（**図1**）。

和田：管理画面って、業務システムの画面と一緒だよね？
三宅：そうですね。業務要件を先に整理して、その後管理画面の要件定義をするというのが基本です。
平川：そうすると、結構期間が必要になりますね。

　基幹系システム開発プロジェクトでは、先に業務要件があり、その業務を実現

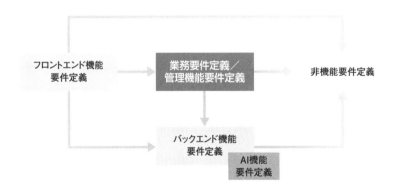

図1 DXプロジェクトにおける業務要件定義／管理機能要件定義

するために、システム機能としての画面要件があります。一方で、DX プロジェクトのうち新事業・サービス開発プロジェクトでは、業務要件と管理機能（管理画面）要件の定義は並行して進める方が効率的です。既存の業務があるわけではないので、初めからある程度、業務をシステムで行うことを想定しながら、業務内容を整理していきます。

　例えば毎週月曜日に、「その週に発送対象のパンを焼いて準備する」という業務があったとします。このとき、まずは準備する必要のあるパンの個数を確認するでしょう。業務要件を仮に整理してみると、以下のようになります。

・店舗が設定した曜日に、その週に焼くパンの一覧を確認する（対象週は選択可能にする）

・確認する内容は以下の通り
　- 対象となる週（YY/MM/DD 週）
　- 配送予定日
　（パン名と個数は繰り返し）
　- パン名
　- 個数
　＊ 順序は個数の降順とする

　この内容を見る限り、このまま管理画面の機能要件としても使えそうです。わざわざ同じ内容を別の成果物として定義するのも無駄なので、業務要件兼管理機能要件としてしまった方がよさそうです。このように、新サービス系プロジェクトでは、業務要件と管理機能要件は並行で進めるのが効率的です。

運営業務やそれに必要なシステム機能を整理する

　業務要件定義／管理機能要件定義では、サービス提供に必要な運営業務やその業務をサポートするシステム機能の要件を整理する作業です。主に実施すること

表1 業務要件定義／管理機能要件定義の作業内容

作業種類	作業内容	アウトプット
業務要件／管理機能要件定義	・各業務内容の定義 ・管理画面フロー、レイアウト定義 ・各アクションの定義	・業務一覧 ・業務フロー ・業務処理内容 ・管理画面一覧 ・管理画面ワイヤーフレーム、画面処理要件定義 ・管理画面フロー
メール、SMS、通知要件定義	・メールや SMS、プッシュ通知などのレイアウトと文面、項目の定義 ・配信条件、配信対象などの定義	・通知一覧 ・メール、SMS、通知のレイアウトと条件定義
帳票・ファイル要件定義	・・ダウンロードファイルやアップロードファイル、印刷物のレイアウト、項目の定義 ＊帳票やファイルがある場合	・帳票／ファイル一覧 ・帳票／ファイルレイアウト、処理要件定義
分析業務／分析機能要件定義	・KGI や KPI、利用者行動などの取得数値や取得元、計算方法などの定義	・取得数値一覧 ・分析画面一覧

は**表 1** の通りです。

　運営業務でも通知系やファイル出力は発生しますので、メールや SMS、通知要件の定義や帳票・ファイル要件定義など、フロントエンド機能要件と同様の作業があります。

　業務要件／管理機能要件定義作業には、ある程度の業務プロセスの知識や経験のほかに、管理画面などのシステム機能に関する知見が求められます。両方を備えた人はなかなかいないので、IT ベンダーやコンサルティング会社に支援を依頼します。こうした企業の要員を主作業者に据えて、業務知識がある人が業務要件を出し、レビューアーになるべきでしょう。

　業務知識がある人というのは、JQ ベーカリーでは、例えば、パンを焼く業務に詳しい店舗出身の社員の方のことです。

　システム機能の知識がある人ならば、一般的な業務フローはだいたい理解しているので、ドラフトとしての業務要件は整理できます。逆に業務知識しかない人だと、システム知識がないのでどこまでシステムでできるのか分からず、業務要件の整理が滞ってしまいがちです。このため、IT ベンダーやコンサルティング会

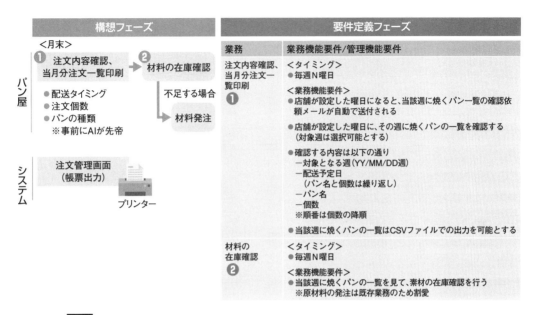

図2 要件定義フェーズではフローの箱の中身を詳細に詰めていく

社の要員を主に据えたほうがよいでしょう。

頭の中で業務をシミュレーション

　定義すべき業務要件は、構想フェーズとは異なります。構想フェーズでは大まかなフローを整理しましたが、要件定義フェーズではフローの1つひとつの箱の業務内容を決めていきます（図2）。

　業務要件／管理機能要件は、サービスの根幹をなすユースケースから優先度を付けながら整理していきます。これは、フロントエンド要件定義と同じです。構想フェーズで整理したフローを見ながら、1つひとつの箱の業務内容を定義します（図3）。

　業務要件は、サービスを提供する際に、運営として何をしなければいけないかを"想像しながら"整理するのがポイントです。現時点で正解はないので、頭の中で業務をシミュレーションする作業になります。

　例えば「注文内容確認／当月分注文一覧印刷」という業務では、**図4**のよう

117

注文のパンを焼き発送準備する

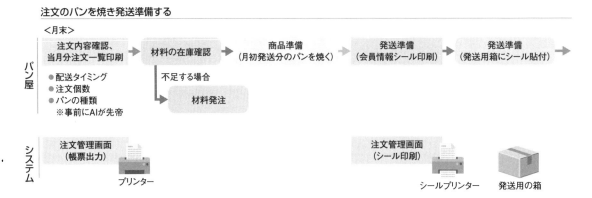

図3 構想フェーズで作成したフロー図を見ながら作業する

業務	業務機能要件／管理機能要件	関連UI	バックエンド機能／インターフェース
❶ 注文内容確認、当月分注文一覧印刷	<タイミング> ●毎週N曜日 <業務機能要件> ●店舗が設定した曜日になると、当該週に焼くパン一覧の確認依頼メールが自動で送付される ●店舗が設定した曜日に、その週に焼くパンの一覧を確認する（対象週は選択可能とする） ●確認する内容は以下の通り －対象となる週（YY/MM/DD週） －配送予定日 　（パン名と個数は繰り返し） －パン名 －個数 ※順番は個数の降順 ●当該週に焼くパンの一覧はCSVファイルでの出力を可能とする	●当該週に焼くパン通知メール（メール） ●当該週に焼くパン一覧（CSVファイル）	当該週に焼くパン通知メール自動送付バッチ

図4 「注文内容確認／当月分注文一覧印刷」の業務要件／管理機能要件

な業務要件／管理機能要件を想定しました。

　これは構想フェーズで、毎月の作業としていました。しかし検討を進める間に、月ごとでは利用者の利便性も低いし、冷凍スペースもいっぱいになってしまうということが分かりました。そこで、毎週の作業に変更しました。このように業務要件も、要件定義フェーズで必要に応じて変化し得ます。

業務	業務機能要件／管理機能要件	関連UI	バックエンド機能/IF
❹ 発送準備 (会員情報シール印刷)	● 毎週N曜日〜土曜日 <業務機能要件> ● 当週発送対象会員一覧を確認する ● 確認する内容は以下の通り 　－対象となる週(YY/MM/DD週) 　－配送予定日 　　－会員名* 　　－パン名* 　－パン個数* 　－個数合計 　－箱サイズ 　－お届け先住所 　－電話番号 　※並び順は箱サイズ・個数・会員名(カナ)の降順。会員名カナはア行からの昇順。 ● 当週発送対象会員の一覧はCSVファイルでの出力を可能とする。 　❶CSVファイルは発想対象会員一覧と同じレイアウトのものと、 　❷配送会社指定フォーマットのCSVの2種類を用意する	● 当週発送対象会員一覧(CSV) ● 送付状用当週発送対象会員一覧(CSV)	配送業者送付状印刷システム

図5 関連システム名を表の右端に記載しておく

　店舗でパンを焼く計画を立てるときに必要なのは、パンの種類とそれぞれの個数だろうと想定できます。また店舗では、それを印刷物で見られたほうが便利でしょう。こうしたことからデータをCSV形式で出力して、表計算ソフトなどで印刷可能にすることになりました。店舗の担当者が確認を忘れないように、毎週メールで通知する要件も盛り込みました。このように、実際にサービスを運営している状況を想像しながら、要件を整理していきます。

　これらは管理画面で行う作業になるため、管理機能要件ということになります。管理機能要件を整理する中で、メールや帳票、ファイルなどの入出力データが登場したり、バッチ機能などが発生したりした場合は、表のように一覧化してまとめておくと機能の一覧を整理する際に便利です。

　特に、関連システムとのやり取りが発生する際は、関連システム側との調整が必要になります。仕様調整やテスト環境の用意、アカウント準備などです。こうした作業を着実に進めるためにも、漏れないように気を付ける必要があります。

　例えば、パンを焼いて発送の準備をするフローの最後には、配送業者用の送付状をシール印刷するという業務要件があります。ネット通販では、配送業者の送付状印刷サービスを利用するのが一般的なので、このサービスを利用するものと

業務	業務機能要件／管理機能要件	関連UI	バックエンド機能／インターフェース
❷ 材料の在庫確認	＜タイミング＞ ● 毎週N曜日 ＜業務機能要件＞ ● 当該週に焼くパンの一覧を見て、素材の在庫確認を行う ※原材料の発注は既存業務のため割愛	● 当該週に焼くパン通知メール（メール） ● 当該週に焼くパン一覧（CSVファイル）	当該週に焼くパン通知メール自動送付バッチ
❸ 商品準備（月初発送分のパンを焼く）	＜タイミング＞ ● 毎週N曜日〜土曜日 ＜業務機能要件＞ ● 当該週に焼くパンの一覧を見ながら、パン焼きの計画を立て計画に基づいてパンを焼いていく ● 店頭での販売パンとレコメンドパンの関係は今後整理	―	―

図6 管理機能が関係しない業務要件

します。このサービス名を**図5**の表の一番右の列のように記載します。これによって、漏れを防ぎます。

　一方で、管理機能が関係しない業務要件もあります。材料の在庫確認や、商品準備（パンを焼くこと）はシステム化しない前提としました（**図6**）。システム化しない業務については、業務運用のテストである総合テストの前までに整理すればよいので、要件定義では深掘りしません。

利用者の種類と権限を定義する

　管理機能要件の整理をしながら、画面レイアウトやメール・帳票、ファイルなどの要件も決めていきます。この作業はフロントエンド機能要件定義作業と基本的に同じです。

　フロントエンド機能要件と異なるのは、管理機能の場合は利用者の種類と権限の整理が必要であることです。例えば、サービス利用者の個人情報を閲覧できる人とそうでない人の権限を分けて、それに応じてメニューからの遷移や画面表示を制限するといった要件が考えられます。管理機能が整理されたのちに、利用者の種類と権限を整理するようにしましょう。

忘れてはならない分析機能

和田：サービスの利用者数や利用状況を経営陣に報告する必要があるよね。

平川：そうですね、保守業務としてデータ抽出をして集計しましょうかね。

和田：でも結構面倒そうだよね。

三宅：BI（ビジネスインテリジェンス）ツールを導入した方がいいかもしれませんね。

　新サービス系プロジェクトの場合、欠かせないのが分析機能です。KGI（経営目標達成指標）やKPI（重要業績評価指標）の取得や、利用者行動などを定量的に把握するために用意します。

　分析機能は、どのように用いられるのでしょうか。代表的なのが、アクセス解析やサービス利用者の行動追跡です。フロントエンド機能であるWebページやスマートフォンアプリの画面内に特定の文字列（タグ）を埋め込み、ツールを使って利用者の操作を把握します。

　そのデータを、BIツールなどの画面で参照します。KGIやKPIの目標に対する実績を確認する、サービス利用者の離脱を生じさせやすい部分を見つけるなどの分析をします。

　分析業務／分析機能要件定義の作業内容を挙げます。

・取得する数値の定義（KGI/KPI）

・取得する数値の定義（行動指標）

・数値の取得元の定義と計算

・フロントエンド機能要件やバックエンド機能要件への伝達

・必要な分析画面の整理

　それぞれについて説明していきます。

取得する数値の定義（KGI/KPI）

　JQベーカリーのサービスのように課金が発生する場合、課金利用者数や月の収益額、1利用者当たりの収益額などがKGIになります。KPIとしては、申し込みページへのアクセス数、会員申込率（コンバージョンレート）などが想定されます。このように、ビジネス面からチェックする必要がある指標はどれかを考えて整理します。

取得する数値の定義（行動指標）

　パンの定期お届けサービスの場合、利用者が申し込み完了までスムーズに進めることが、KPI や KGI を高めるポイントになると考えられます。申し込み完了までの一連のフローの中でサービス利用者の離脱を招いているのがどの画面かなど、利用者の行動を定量的に把握するという要件が必要だと考えられます。マーケティング用語で「ファネル」と呼ばれる枠組みの分析をしたり、それ以外の利用者の行動を捕捉したりするために見るべき数値を定義します。

　また、どの店舗でどのパンが最もレコメンドされて出荷されているか、地域ごとにはどうかなどの、商品面の数値も見たくなるかもしれません。このように、サービス全体の成果を見るために、どんな数値が必要かを定義していきます。

数値の取得元の定義と計算

　例えば申し込み完了までのサービス利用者の行動を分析したい場合、どの画面のどのアクションを計測するのかを定義します。これがタグの埋め込み場所になります。コンバージョン率やログイン率などの数値を見たい場合は、分母と分子、それぞれの数値の出し方などを定義します。

フロントエンド機能要件やバックエンド機能要件への伝達

　どの画面のどのアクションの数値を取りたいのかを整理し、フロントエンド機能要件に加えてもらいます。要件が発生するのは分析業務ですが、それを実装するのはフロントエンド機能側だからです。

　同様に、月額収益額を出したい場合にその金額を計算する、必要なデータを BI ツールに受け渡すといったバッチ機能も必要になります。つまりバックエンド機能要件側にも、したいことを伝えて機能として用意してもらう必要があります。

必要な分析画面の整理

　経営者が分析画面を見るとしたら、課金利用者数、月収益額、アクセス数などの KGI や KPI の数値は、1 つの画面でビジュアル化して見たくなるでしょう。いわゆるダッシュボードです。

　一方でプロダクトオーナーは、プロダクト（サービス）の改善に主眼を置いて

いるので、申し込みに至るまでのユーザ行動、申し込み後の商品の売れ行きなどをそれぞれ個別に見たいかもしれません。

　このように、取得する数値を誰向けにどの画面で見せるのかを定義し、分析画面一覧としてまとめます。

分析業務／機能要件定義を進める上での注意点

　最後に、注意点をまとめます。サービスの成果をきちんと見るためには、多様な数値を様々な角度で分析する必要があると考えがちです。もちろん理屈としてはその通りですし、BI ツールなどを使えば、複雑な条件でも比較的簡単に分析画面を作れます。

　しかし現実には、あまり多くの数値を取得してしまうと消化不良を起こします。例えばあるサービスで、分析画面だけでも 100 近くの種類を用意したとします。これだけあると、すべての画面を見ることは不可能に近いでしょう。

　つまりせっかく作っても、多くの分析画面がほとんど見られない状態になるわけです。BI で簡単に作れるといっても、分析機能はテストが大変なので、それなりの労力がかかります。労力をかけたのにあまり使われないというのはもったいないことです。

　予算や人的リソースに余裕があれば、先に多くの分析画面を作っておくのも 1 つの選択肢です。しかし余裕がない場合は、フロントエンド機能へのタグの挿入や BI ツールへの入力ファイルの準備など、"仕込み"だけにとどめておいてもよいでしょう。まずは、日々閲覧する必要最小限の分析画面を用意することをお勧めします。

4-4　AI 機能要件定義の作業プロセス

AIで何をしたいか定義 学習踏まえ決める４要件

新サービスの開発で AI（人工知能）を活用するケースが増えている。AI 機能の要件定義が通常のシステム開発と異なるのは「学習する」要素があることだ。学習の要素を踏まえた AI 機能の要件定義のプロセスと、まとめるべき 4 つの要件を解説する。

　近ごろの新サービス開発では、AI を活用するケースが多いでしょう。4-4 では、新サービス開発系の DX プロジェクトの要件定義のうち、AI 機能の要件定義の具体的な作業内容を説明します（**図 1**）。

和田：AI 機能要件定義って何をやればいいんだろう。

平川：いやぁ想像もつかないですね、AI 自体詳しくないですし。

和田：うーん、しかしベンダーに丸投げするのもなぁ、我々としてどこまで何をやればいいんだろう。

三宅：AI の技術の中身まで分かる必要はありませんが、AI で何をしたいのか、ど

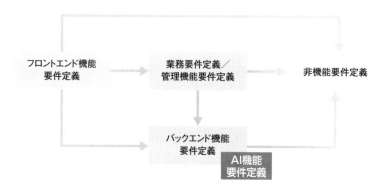

図1 新サービス開発にAI要件定義はつきものになってきている

んなデータをAIに与えるかは、発注者であるユーザー側が決める必要があ
ります。

　AIを使った機能も、入力データを処理し、出力するという視点で見れば、通
常のシステムと変わりありません。異なるのは「学習する」要素がある点です。

　学習して答えを出す機能を、「学習モデル」や「学習器」と呼びます。ここでは、
学習モデルという言葉を使います。学習モデルが、通常のシステム機能における
処理（プロセス）に当たります。

　学習モデルが学習する処理の仕組みのことを「学習アルゴリズム」と呼び、ど
のアルゴリズムを採用するかで精度が変わります。AIで取り組みたい課題の特
性によって、適切なアルゴリズムが異なるのです。

　学習アルゴリズムには、決定木、ロジスティック回帰、CNN（畳み込みニュー
ラルネットワーク）など様々なものがあります。もちろん知識があるに越したこ
とはありませんが、昨今では適切なアルゴリズムを自動選定する機械学習フレー
ムワークなどもあります。発注者であるユーザー側の立場でDXプロジェクトに
参加している場合は、それほど気にする必要はありません。代表的なアルゴリズ
ムの名称や、高い精度が出るアルゴリズムは課題によって異なるということを理
解しておけばよいでしょう。

　ただ、要件定義はきちんとする必要があります。発注者であるユーザーやIT
ベンダーがAIに関してまとめるべき要件は、大きく分けて以下4つあります。

（1）アウトプット（出力データ）定義：AIで何を得たいのか

（2）インプット（入力データ）定義：AIにどんなデータを与えるか

（3）前処理要件定義：データをどう加工するか

（4）教師データ（正解ラベル）定義：AIでどんな出力が得られたら正解とする
　　　か（教師あり学習の場合）

　4つの要件について、詳しく見ていきましょう。

　（1）のアウトプット定義では、AIで導き出したいのは何か、を決めます。構
想フェーズの要求定義段階でもAIの機能はまとめましたが、今回は何が異なる

のでしょうか。違いは、フロントエンド機能要件など他の要件が明らかになっていることです。

　JQベーカリーのパンレコメンドAIの要求定義では、毎月の配送個数が3つ、5つ、8つの3パターンありました。それがフロントエンド機能要件定義で精査した結果、配送個数は3つのみと決まり、5つや8つは選択できないことになりました。つまりAIとしては、3つの組み合わせのみを考えればいいということになります。

　つまりアウトプットは、「利用者ごとに3つのパンの組み合わせを作成する」になります。

「インプットデータの条件」を定義する

　次に（2）のインプット定義です。AIは入力されたデータのパターンを正解として学習し、新たなデータが入ってきたときに、そのパターンに照らし合わせて答えを出すという処理をします。間違ったインプットを与えれば、間違った答えを出してしまうのです。

　そのため、「どんな状態であれば正しいか」というインプットデータの条件はしっかりと定義し、関係者と認識を合わせておく必要があります。

　JQベーカリーの場合は、過去のPOSデータがインプットになります。このPOSデータには顧客IDと購入履歴の両方が入っているものとします。

　このPOSデータをすべてAIのインプットにするかというとそうではありません。アウトプットである「利用者ごとに3つのパンの組み合わせ」を実現するために、最適なデータだけを抽出する必要があるのです。

　JQベーカリーでは、POSデータから以下の条件を満たすデータを抽出した方がよいかもしれません。

・直近2年間の購入データ
・展開予定の首都圏、大阪、名古屋、札幌、福岡のデータ
・購入日時が朝7～9時のデータ
・購入個数が3個以下のデータ

なぜこのような条件が必要なのか、順に見ていきます。

直近2年間の購入データ

　試しに、10年前の購入データを利用すべきかを考えてみましょう。さすがに10年たつとそもそも商品が異なっている可能性もありますし、今の20代の利用者と10年前の20代の利用者で嗜好性も違うかもしれません。

　こうした理由から、直近n年のデータを用いる必要があると言えます。このnの数値は、「今とそんなに変わらない購入傾向であるのは何年前からか」という視点で決めるとよいでしょう。

展開予定の首都圏、大阪、名古屋、札幌、福岡のデータ

　エリアを限定するのは、エリアによってライフスタイルや嗜好性が異なる可能性があるからです。例えば、大都市圏の利用者にパンをお薦めするのに、地方の購入データがインプットになっていると、正しいレコメンドができないのではと考えられます。

購入日時が朝7～9時のデータ

　このサービスは、朝食パンのお届けを想定しています。朝食パンは、お昼やおやつで購入されるパンとは種類が違うでしょう。そのため、購入時間で絞ります。

購入個数が3個以下のデータ

　例えば、様々なパンを5個以上買っているデータがあったとします。その購入者は自分1人用に買ったと言えるでしょうか。家族など、自分以外の分も買っている可能性が高そうです。このようなデータを含めて学習させると、1人向けのレコメンドに沿わない結果になってしまう恐れがあります。

　以上の項目を考慮するのは、特に難しいことではありません。「人間だったら、どんな前提条件でお薦めするだろうか？」という考え方で整理をしていけばよいのです。

　この作業には、商品特性や顧客、顧客行動の知識・理解が求められます。このため、発注者であるユーザー側の担当者が行うべきと考えられます。

顧客心理や行動を捉えたパラメーターを見極める

　利用するデータの条件が明らかになったら、次はパラメーターを決めます。

　性別や年代をパラメーターとして AI に与えたとしたら、AI は性別・年代と購入したパンの傾向を読み解いて、お薦めのパンを提案してきます。ここにエリアを加えたら、AI は性別・年代・エリアと購入パンの傾向を読み解きます。

　ヘルシー志向か、そうでないかも購入商品に影響を与えそうです。購入したパンの総カロリーもパラメーターに加えたほうがいいかもしれません。

　AI はこのように、与えるパラメーターの傾向を読み解いて学習していきます。実際の顧客心理や行動を捉えたパラメーターを見つけられるかどうかが、AI が実用に耐えるものになるかの決め手になります。

　始めから完璧なパラメーターを見極めるというのは不可能です。一番もっともらしい、あり得そうなパラメーターを選び、どんどん試していくしかありません。

データの前処理がデータ分析の成否を左右

　インプットが決まれば、次に（3）前処理要件定義を実施します。つまり、インプットデータを作るための前処理の要件を決めていきます。前処理とは、元データを加工して、AI に入力できるデータに仕立てることです。

　今回はサービス利用者ごとに、その利用者に最適なパンをお薦めします。このため学習モデルには、容赦単位の購入履歴を入力します。もし POS データが商品単位で保存されている場合、これを利用者単位に変換する処理が必要になります（図2）。

　カロリーもパラメーターとして与えたいので、商品名からカロリーを算出し、計算する処理も発生します。例えば朝食の摂取カロリーの目安として、500kcal を基準にするとします。総カロリーがこれを超えたら「高」、300kcal 以下であれば「低」、その中間が「中」などに分類しておきます（図3）。

　個々の顧客の性別や年代、都道府県もデータとして関連付けておきたいので、会員データベースからそれらの項目を取得して、購入履歴データにマージする処理も必要です。

　このように、前処理として決めておくべき要件はいろいろあります。データ分

ID	購入日時	店舗名	商品名	数量	顧客コード
101	19-11-01 08:00	丸の内店	豆パン	1	C12345
102	19-11-01 08:00	丸の内店	クロワッサン	1	C12345
103	19-11-01 08:00	丸の内店	きなこパン	1	C12345
104	19-11-01 07:57	名古屋駅前店	豆パン	1	C99901
105	19-11-01 07:57	名古屋駅前店	焼きそばパン	1	C99901

変換

＜ユーザー単位のレコード＞

購入日時	店舗名	商品名1	数量	商品名2	数量	商品名3	数量	顧客コード
19-11-01 08:00	丸の内店	豆パン	1	クロワッサン	1	きなこパン	1	C12345
19-11-01 07:57	名古屋駅前店	豆パン	1	焼きそばパン	1			C99901

図2 AIへの入力に適した形でレコードを変換する

＜ユーザー単位のレコード＞

購入日時	店舗名	商品名1	数量	商品名2	数量	商品名3	数量	顧客コード	総カロリー
19-11-01 08:00	丸の内店	豆パン	1	クロワッサン	1	きなこパン	1	C12345	高
19-11-01 07:57	名古屋駅前店	豆パン	1	焼きそばパン	1			C99901	中

図3 総カロリーを算出する

析プロジェクトでは、データ加工という前処理で総工数の8割を使うとも言われます。JQベーカリーの例を見ても、AIが処理できるデータにするために様々な処理が必要ですから、確かにその話も納得できます。

どんな教師データを準備するか決める

　最後に、（4）教師データ定義を実施します。教師あり学習の場合、教師データとテストデータを用意する必要があります。教師データとは、どれが正解を示すラベルが付いたデータです。

　教師データは、今回のJQベーカリーのケースは必要ないかもしれません。レコメンドの場合、K近傍法など教師なし学習モデルが一般的に採用されるためです。しかし教師あり学習のモデルの場合は、教師データが必要になります。

　例えば、「パンの定期お届けサービスを利用者が解約するかどうか」を予想するAIを作るとしましょう。教師データとして、一定期間に実際に「解約した利用者」の会員情報や申し込み情報、サービスへのアクセス履歴などを用意します。

同時に、「解約しなかった利用者」の同様の情報を用意します。解約した／しなかったという実際の利用者の行動を正解として、それぞれ利用者の傾向を学習するわけです。

　その学習結果に基づいて、利用者の予測を実行します。新たな利用者が入ってきたら、その人の属性や行動データを基に、この利用者は解約する、しないという予測をするのです。

　教師あり学習の場合、教師データの条件を要件として定めておく必要があります。解約する／しないのように対象を２つに分類するものは、二項分類問題と呼ばれます。解約する／継続する／プランをアップグレードする、のように３つ以上に分類するケースは、多項分類問題と呼びます。

　教師データを用意する上で大事なのは、各分類の正解データを同じ分量で用意することです。解約する／しないの二項分類であれば、解約した利用者のデータと、解約しない利用者のデータを同量用意しておく必要があります。

　以上で、AI機能要件は一通り整理できました（**図4**）。要求定義フェーズのと

AI機能要件	
目的	ユーザーの属性や嗜好にあわせて、最適な朝食パンの組み合わせを提案したい
概要	ユーザーの性別・年代・地域、嗜好性（希望カロリー総量）をインプットに、ユーザーにお薦めの朝食パンの組み合わせを提案する
学習用データ	■過去のPOSデータ ＜条件＞ ●XX年 XX月 XX日から24カ月以内のデータ ●東京23区、横浜、大阪、名古屋、札幌、福岡の店舗データ ●購入日時が7時〜9時のデータ ●１人あたりの購入個数が３個以内のデータ ＜パラメーター＞ ●顧客-性別 ●顧客-年代 ●購入店舗（地域） ●購入した商品 ●購入した商品の総カロリー 　　500kcal以上：高 　　300〜499kcal：中 　　300kcal未満：低
アウトプット	ユーザーごとに、３つのパンの組み合わせを提示する （例クロワッサン、豆パン、チーズパン）
学習モデル	過去購入データの顧客属性や購入商品の傾向から、顧客属性とカロリー嗜好性ごとに最も購入されやすい3つのパンの組み合わせを学習する

図4 パンをレコメンドするAIの機能要件

きに比べ、要件も絞られ、それぞれの処理要件も具体化されました。ここまで整理されていれば、エンジニアもすんなりと設計に入っていけるはずです。

4-5　バックエンド機能要件定義の作業プロセス

サーバー側の機能を定義
データ要件は常に更新

バックエンド機能要件定義では、サーバー側で必要な機能を決めていく。フロントエンド機能や管理機能の要件定義で決めた API は、このプロセスで整理し統合する。サービスで保持するデータを整理したデータ要件は、常にアップデートして機能間の整合性を取る必要がある。

　新サービスを裏で支えるバックエンド機能。4-5 ではその要件定義作業を具体的に見ていきます（**図1**）。

平川：フロントエンド、業務／管理機能、AI と、要件定義は想像以上に大変でしたね……。

三宅：お疲れさまでした。いろいろと想像しながら進めなくてはいけないので、頭を使いますよね。

和田：バックエンド機能要件定義は、何をするのかな？

平川：フロントエンド機能や業務 / 管理機能では、処理要件までしっかり定義しま

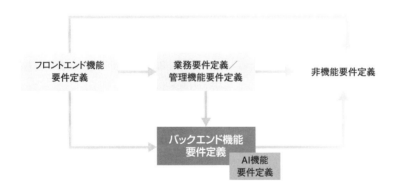

図1 サービスを裏で支えるバックエンド機能要件を定義

したよね。それと同じなんでしょうか。

　ここまで、フロントエンド機能や業務要件／管理機能要件、AI機能要件とサービスの根幹に関わる部分の要件定義を進めてきました。バックエンド機能要件はそれらの要件を受けて、バックエンド、つまりサーバー側で必要な機能を定義する作業です（図2）。

　サーバーサイド機能の実装技術や実装方法には、様々な種類があります。ここではスマートフォンアプリやWebアプリケーションで採用されることが多いWeb API（アプリケーション・プログラミング・インターフェース）を利用する前提で説明していきます。Web APIとは、インターネットを通じてソフトウエアの機能を呼び出すための技術です。

　「API一覧」などWeb API特有の表現が登場しますが、適宜、別の技術に読み替えてください。要件定義ですべき作業は、実装技術や実装方法が異なっても

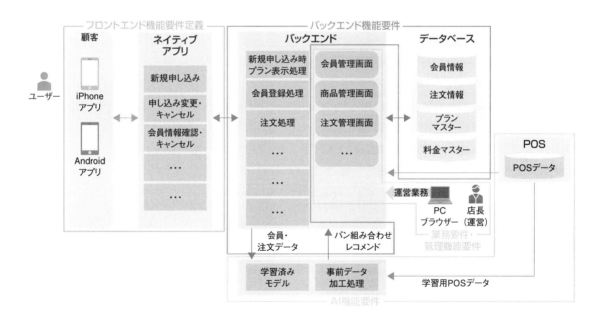

図2 サーバー側での処理の要件を定義する

同じです。

　バックエンド機能要件定義で主に実施することは、表 1 の通りです。順に説明していきます。

表1 バックエンド機能要件定義の作業内容

作業種類	作業内容	成果物
API 機能要件定義	・サーバサイド機能の一覧化と統廃合	・API 一覧・フロント ・管理機能 -API 対応表
関連システムインターフェース要件定義	・連携する可能性のある社内システム、社外システム・サービスの一覧化 ・それぞれのインターフェースの一覧定義	・関連システム一覧 ・インターフェース一覧（システムごと）
バッチ機能要件定義	・バッチ処理（定期的な処理）の一覧化とその機能概要整理	・バッチ機能一覧
データ要件定義	・テーブルの一覧化、データモデリング	・テーブル一覧 ・ER 図

■初期表示時処理
•パン商品マスターから「販売中」かつ「食事パン・菓子パン」のカテゴリーの商品をすべて取得する

•商品の登録日時の降順で、食事パン、菓子パンそれぞれ 6 つの商品の画像と商品名を表示する

■利用期間選択ボタン押下時
•お届け個数分のパンが選択されていない
「あとN個選択してください」とメッセージを表示する
※N個は動的とする

•お届け個数分のパンが選択されている
利用期間選択画面へ遷移する

■利用するAPI
•パン商品マスターAPI

図3 既に洗い出してあるAPIを精査、統廃合する

APIを精査し、統廃合

フロントエンド機能要件や管理機能要件定義の中で、各機能で利用するであろうAPIは整理済みです（**図3**）。API機能要件定義では、既に洗い出したAPIを精査し、統廃合しながら、APIの一覧を詰めていきます。

もしこの段階でまだAPIを整理していないとしたら、その整理作業から始めることになります。

なお、フロントエンド機能や管理機能の要件定義でAPIを整理した際、図3のように各機能の処理要件も記載しました。これらはフロントエンドに閉じたものではなく、サーバーサイドも含めた処理要件になっています。そのため、バックエンド機能要件定義で改めて各機能の処理要件をまとめてしまうと、フロントエンドや管理機能要件で記載された要件の内容と重複します。

そのため、API機能要件定義では、基本的に処理要件まで記載する必要はありません。検討の過程で、フロントエンド機能や管理機能では言及のない処理要件がある場合のみ、それについての処理要件を記載すればよいでしょう。例えばバックエンド処理に関わる共通機能をAPIとして切り出した、といった場合です。

バラバラなAPIを整理していく

フロントエンド機能や管理機能では画面ごとに利用するAPIを整理していたので、内容が不ぞろいになりがちです。APIの名称に表記揺れがあったり、処理する情報単位でAPIを定義しているか、取得／登録の処理単位かといった違いがあったりします（**図4**）。

もちろん初めからルールを定めて整理すればよいのですが、フロントエンド機能や管理機能要件はレビューのたびに内容が変更されていく可能性があるので、常にAPI名称の整合性を取るのは至難の業です。

こうしたバラバラなAPIをまとめていくのが、ここでの作業です。例えば、「REST」と呼ばれるソフトウエアの設計手法にのっとると、APIの単位はエンティティ（データのまとまり）単位になります。そのため、**図5**のように整理できます。このように、APIの種類を決めていきます。

ここでAPIの種類がある程度の精度で洗い出されていれば、設計工程以降の

	画面名	API名
フロントエンド機能	パン選択画面	パン商品マスター取得API
	レコメンドパン表示画面	パン商品マスターAPI
		レコメンド結果API
	定期購入申込完了	会員情報登録API
		定期購入申し込み情報API
	会員情報変更画面	会員情報参照API
	...	...
管理機能	会員検索・一覧画面	会員情報参照API
	会員情報参照画面	定期購入申し込み情報取得API
	...	...

図4 APIを一覧化する

API	メソッド
パン商品マスターAPI	参照
レコメンド結果API	参照
会員情報API	登録
	検索
	参照
定期購入申し込み情報API	登録
	参照

図5 エンティティ単位にAPIを整理

見積もりの精度が高まります。画面の数で大体の規模は分かるだろうと思われるかもしれませんが、Web系システム開発の現場では、サーバーサイドのエンジニアとフロントエンドのエンジニアが違うことが多いので、それぞれが作る機能の数をはっきりさせることがポイントです。その方が開発ベンダーとしても準備を進めやすく、工数やコストの見積もり精度も高くなると期待できます。

　なお、ここでAPIを統廃合したので、改めて画面とAPIの対応表を整理しておくとよいでしょう。開発やテストの管理上、この表があると便利です。

社内外のシステムとの連携を考える

　関連システムインターフェース要件定義では、サービスが連携する関連システムとのインターフェースの内容を整理します。関連システムは、社内システムと社外システムの大きく2つに分けて考えます。

　まず社内システムについて、JQベーカリーのケースで考えてみましょう。AIのインプットになるデータとして、POSデータがあります。POSデータは社内の別システムで管理されているので、ここからデータを取り出す必要があります。データの取得を取得するタイミング（月1回か、週1かなど）や、取得する内容（データの種類や項目）などをインターフェース要件として定義します。

　既存の顧客関係管理（CRM）システムなどが存在する場合は、今回開発するサービスで新規獲得した会員データを登録する必要があるかもしれません。この場合は、サービスからCRMシステムへとデータを受け渡すことになります。

　社内の基幹系システムにデータを登録するということは、そのシステムを運用・保守している部署やITベンダーに少なからぬ影響が及びます。外部システムからデータ登録があったら、それを出力する機能が必要になるかもしれないし、その作業を保守担当者が実施するのかもしれません。いずれにせよ、保守の担当者からすれば気軽に対応できる類いのものではありません。

　そのため、社内システムとのインターフェースがあるのであれば、要件定義のタイミングで「どのシステムに対して」「いつ」「どのデータを、どのくらいの件数で」「取得するのか・登録するのか」を、しっかりと定義しておく必要があります。

何をしたいのか説明し、協力体制を築く

　社外システムについてはどうでしょうか。JQベーカリーの場合、決済手段としてクレジットカード支払いも取り扱う場合は、クレジットカードの収納代行会社のサービスと接続することになります。

　収納代行業者が提供しているカード有効性を確認するAPIや、「オーソリ」と呼ばれる決済処理などのAPIなどを利用することになります。そうしたサービスの画面を呼び出すこともあるかもしれません。これらについても、インター

フェース要件として漏らさずに定義しておきましょう。

　社内・社外を問わず大事なことは、連携する可能性のあるシステムやサービスを網羅的に一覧化することです。そして、それぞれに必要なインターフェースの種類を整理することです。

　DX ではプロジェクト内部のコミュニケーションも重要ですが、社内の他部署や協業先など、外部とのコミュニケーションも重要です。外部メンバーはプロジェクト内部とは温度差があるのが一般的なため、何をしたいのかを丁寧に説明をし、協力体制を築いていくことが求められます。

必要なバッチ機能を洗い出す

　続いてバッチ機能要件定義について説明します。ここではフロントエンド機能や業務要件／管理機能要件、インターフェース要件、AI 機能要件などを実現するために、どのようなバッチ機能が必要かを定義します。

　例えば、POS データを社内の POS システムから定期的に取得するというインターフェース要件がある場合、データを取得してサービス側のデータベースに一括登録するようなバッチ機能が必要です。お薦めパンの作成が月に 2 回あるとしたら、それぞれのタイミングでパンのレコメンドを作成する処理や、作成後にメールやプッシュ通知などで知らせる定期処理も実施しなくてはなりません。

　このように、サービス全体を通して必要なバッチ機能を洗い出します。そしてバッチ機能ごとに、入力データや出力データのファイル・テーブルなどを定義します。

バッチ機能名	インプット	アウトプット	処理概要
POSデータ定期取込機能	POSデータ（ファイル）	POSデータ（DB）	POSシステムが提供したPOSデータファイルを取得し、テーブルに投入する。テーブル内に重複するデータがある場合は該当レコードのみ取り込みをしない
商品マスター定期取込機能	商品マスター（ファイル）	商品マスタ（DB）	商品管理システムが提供した商品マスタデータファイルを取得し、商品マスタテーブルに投入する。追加・変更があった商品レコードのみを取り込む
会員データ取込機能	会員データ（DB）	新規会員データ（ファイル）	顧客管理システムから、前回取込以降に追加・変更のあった会員データファイルを取得し、テーブルに投入する
お薦めパン定期作成機能	会員データ(DB)申込データ(DB)	会員別お薦めパンデータ(DB)	会員データと申し込みデータを、お薦めパンの作成モデル(AI)に渡し、会員ごとのお薦めパンデータを取得。お薦めパンデータを、テーブルに投入する。

図6 バッチ機能のインプット／アウトプットや処理の概要を定義する

　処理の内容については、概要レベルで記載します。バッチの実行順序や依存関係の整理（ジョブ設計）、バッチの処理設計は、設計フェーズで行います（図6）。

データ要件は常にアップデートする

　最後に、データ要件定義の作業について説明します。今回開発するサービスで保持するデータを整理する作業です。

　データ要件は、フロントエンド機能要件、業務要件/管理機能要件、バックエンド機能要件、AI機能要件などを経なければ最終的に固まりません。だからといって最後にまとめればよいというものではなく、それぞれの要件定義と並行して整理、アップデートをしていきます。

　データは、システムの全ての機能の中心にいます。そのため、常にデータ要件をアップデートして、機能間の要件の整合性を取れるようにしておく必要があるのです。

　データ要件定義では、フロントエンド機能、管理機能、バックエンド機能要件から取り扱うデータの種類を洗い出し、データ一覧（またはテーブル一覧）としてまとめます。一覧化後に、データを保持する場所も検討します。スマートフォンアプリの場合はユーザーの端末（フロントエンド）側でデータを保持するのか、サーバサイドのデータベースに置くのか保持するのかといったことを、仮でよい

テーブル名	処理概要	保管場所	
		バックエンド	ローカル
会員情報	パン定期お届けサービスの会員登録をした ユーザーの属性情報	○	－
申込情報	パン定期お届けサービスの会員登録をした ユーザーの申込内容（プランや届け出日など）	○	－
会員データ 取込機能	各月のユーザーごとのお薦めパンの情報	○	－
POSデータ	店舗のPOSデータ （当システムに取り込んだデータ）	○	－
店舗マスター	各店舗の店舗名や住所などの属性情報	○	○
商品マスター	商品の商品名やカロリーなどの属性情報	○	－

図7 データの種類や保管場所を整理する

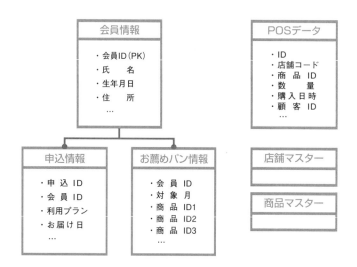

図8 データの関連をER図で表現

のでいったん整理しておきます（**図7**）。フロントエンドとバックエンドどちらで
保持するかを最終的に決めるのは、設計工程になります。

　この段階で、いわゆるER図（エンティティ関連図）も作っておいた方がよい
でしょう（**図8**）。データの一覧だけではデータの関係性が分かりにくいため、
ER図で視覚的に分かりやすく整理します。

工数やコストへの影響を考慮
優先すべき3つの要件

要件定義工程では、システム構成への影響が大きい非機能要件だけを優先的に決めておく。構築時の工数やコストの見積もりに影響するからだ。一般的に、新規サービスの開発時に見積もりに大きな影響を与えるのは「可用性要件」「性能・拡張性要件」「セキュリティー要件」の3つである。

　ようやく要件定義の最後の作業、非機能要件定義に移ります。性能やセキュリティーなど、機能以外の要件を整理していきます（**図1**）。

三宅：これでいよいよ、要件定義も最後。非機能要件の定義作業に入りましょう。

平川：非機能要件とひと言で言っても、可用性や性能など、いろんな項目がありますよね。

和田：どこまで定義すればよいのかな？

平川：どんなサービスを作るか決めている途中なので、定義しにくいところもありますね。監視要件とか。

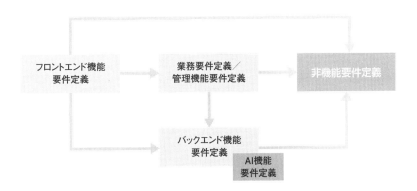

図1 機能以外の要件を決める

三宅：全てを決めなくてはいけないわけではありません。優先的に定義すべき項目
　　　から見ていきましょう。

　要件定義工程のタイミングで、優先的に定めておくべき非機能要件の項目は、
システムの構成に大きく影響を与える可能性のある項目です。システム構成に影
響を与えるということは、構築時の工数やコストの見積もりに大きな影響がある
ということです。

　例えば、可用性についての要件で、災害対策を必須にしたとします。東京と大
阪など離れた複数の場所に同じシステムインフラを保持する必要があるため、イ
ンフラ設計の作業見積もりにも、インフラの構築・運用コストにも影響を与えま
す。こうした項目は、優先的に検討しておくべきです。逆に、運用・保守要件な
ど、サービスやアプリケーションの設計がある程度進んだ後に検討すればよい項
目もあります。

　優先度の高い項目が何かはプロジェクトの特性によって異なります。このため、
それぞれのプロジェクトで判断が必要です。ただし筆者の経験では、新規サービ
ス開発時に見積もりに大きな影響を与えるのは以下の3項目です。

・可用性要件
・性能・拡張性要件
・セキュリティー要件

　これらを以下で順に説明します。

可用性の程度によってコストが変わる

　システムやサービスの継続稼働を、どの程度まで担保するのかを定義するのが
可用性要件です。例えば Web サービスであれば、24 時間 365 日提供するのが一
般的ですが、一部金融機関のサービスなどでは深夜は提供しないものもあります。

　また、ネットバンキングなどのサービスは障害などでの停止時間を限りなくゼ
ロにすることが求められます。そのため、1 つのサーバーが停止しても、他のサー
バーで動作できるような冗長構成を採用します。

　最近は、スマートフォンアプリや Web サービス構築基盤に、AWS（Amazon Web Services）や Microsoft Azure、GCP（Google Cloud Platform）などのクラウドサービスを利用することが多くなっています。クラウドであっても、物理的なサーバーはどこかに配置されています。

　例えば、AWS を用いて日本でサービスを提供する場合、東京周辺のサーバー群（東京リージョン）を利用するのが一般的です。東京で大規模災害があって AWS のサーバーが停止しても、サービスを継続できるようにするには、東京リージョンだけでなく、大阪やシンガポールなど地理的に離れた場所にも同様のインフラを用意する必要があります。

　複数の拠点でインフラを持つと、その分コストがかかります。データやアプリの同期処理も実施する必要が出てくるため、その作業費用も発生します。

　このように、可用性をどこまで求めるかによって、作業量やコストは大きく変わります。この点は、要件定義工程でしっかりと整理しておく必要があります。

システムの負荷を予想する

　性能・拡張性要件では、大きく以下の 2 つを定めます。

・どの程度のユーザーがアクセスする可能性があるか（アクセスユーザー数）
・どの程度の処理スピードを求めるか（レスポンス要件）

　基幹系システムは企業の従業員や関係者が利用するものなので、アクセス数が大きく変動することはあまりありません。しかし Web サービス、特に消費者向けサービスの場合、ユーザー数は固定ではないため、どの程度の増減があり得るかを予測しておく必要があります。少ないユーザーを想定したサーバー構成にした場合、突発的に大量のユーザーがアクセスすると、処理が大幅に遅れたり、サーバーがダウンするなどの問題が起こったりします。

　AWS などのクラウドでは柔軟にサーバー性能や台数を変更できるため、システム負荷に応じて順次スケールアップ（性能を高めること）、スケールアウト（台数を増やすこと）をすればよいという考え方もあります。技術的には正しいのですが、費用面でユーザー数やアクセス数の予測は必要です。一般的な企業では、

サービスの運用費用の予算を獲得する必要があるため、インフラコストの１年間での見積もりが必要になるはずです。インフラコストは青天井でいいという企業は珍しいでしょう。

事業計画をまとめる段階で、年ごとの予想会員数は算出しているはずですので、それを基に実際の利用率（アクティブ率）などを考慮し、アクセスするユーザー数を予測します。各種イベントやキャンペーンなどで突発的にアクセスが増える可能性も考慮して、最大どれくらいのユーザーがアクセスする可能性があるかを定義します。

性能要件は「操作感」で定める

基幹系システムの場合、レスポンスタイムやスループットをはじめとする性能要件を定めます。レスポンスタイムはシステムに処理のリクエストを出してから応答が返ってくるまでの時間です。オンライン処理の場合、「データの参照で３秒、更新で５秒」のようにレスポンスタイムの要件を定めます。スループットは一定時間当たりに処理できるデータ量のことで、例えば帳票出力で１秒間で何枚出力できるかといった要件になります。

Web サービスの場合、性能要件の考え方は基幹系システムとは少し異なります。例えば会員登録ボタンを押して５秒間応答がなかったら、「重いサービスだな」という印象を与えるでしょう。５秒より早く、ユーザーに何らかのメッセージを表示させる必要がありそうです。また一時的にアクセスが集中すると、どうしても処理遅延が発生して、定義したレスポンスタイムを守れないというようなこともありえます。

Web サービスではあまり厳密に何秒という要件を定めるよりも、類似サービスをピックアップし、「このサービスと同等の操作感を実現する」というような要件にする方が現実的です。

サービス内容に応じたセキュリティーを確保

セキュリティー要件では、確保するセキュリティーレベルを定めます。セキュリティーレベルもシステム構成やコストに大きく影響を与えます。JQ ベーカリーのパン定期お届けサービスの場合、氏名だけでなく住所情報を保持します。クレ

ジットカード支払いを可能にする場合は、カード番号の入力も求めます。こうしたことから、かなり強固なセキュリティーが必要と言えます。

　インフラとしては、ファイアウオールはもちろんのこと、マルウエアなどの侵入検知の仕組みの導入も必要になるでしょう。侵入検知の仕組みは高価なことが多いので、インフラコストに大きく影響を与えます。

　アプリ面でも、なりすまし防止のための強固な認証機能が求められます。携帯電話番号を使ってSMSを送信し、本人確認するなどの機能が必要になるかもしれません。SMSを送信する場合、その処理にもコストがかかります。

　システムの構成以外にも忘れてはいけないのが、第三者による「脆弱性試験」をするかどうかを決めておくことです。企業が消費者向けサービスを提供する場合は、その企業のセキュリティーポリシー上必要になることが多くあります。脆弱性試験の内容にもよりますが、大手ベンダーに依頼するとそれなりの費用が発生します。コストだけでなく、スケジュール面でも脆弱性試験を行うことを前提にした計画が必要です。

　このようにセキュリティー要件も、システム構成だけでなく作業負荷や金銭的コストに大きく影響を与えます。提供するサービスの全容が見えたタイミングで、提供するサービスの内容からしてどんなリスクが想定されるのか、その対策として何が必要なのかを定義しておく必要があります。

第5章

設計〜テストフェーズ
の進め方

5-1　開発スピードと品質

品質とのバランスを取り 素早くリリースして改善する

新サービスを開発する DX プロジェクトでは、サービスのリリースがゴールではない。リリース後に利用者の反応を見ながら、サービス改善を積み重ねる。開発のスピードとサービス品質のどちらをどれぐらい優先するのかはプロジェクトごとに異なることに留意して、プロジェクトを進める必要がある。

　これまで、DX プロジェクトを進める JQ ベーカリーが、サービス内容を具体化する要件定義の進め方について説明してきました。ここからは、いよいよシステムの設計に入ります。
　中心となるのは、システム開発を委託された IT ベンダーです。しかし発注者である JQ ベーカリーにとっても、押さえるべきポイントがいくつもあります。
　では、JQ ベーカリーでの一幕を見てみましょう。要件定義が終わり、一息ついた DX リーダーの和田さんと、PMO の平川さんの会話です。

和田：ようやく要件定義が終わったね。サービスの中身も決まったし、リリースが
　　　待ち遠しいね。
平川：そうですね、でもここからが長いんですよね。設計や開発には時間がかかるし、
　　　出来上がったシステムのレビューも大変ですね。
和田：結構大変だよね。他社に先駆けて一刻も早くリリースしたいし、我々はただ
　　　悠長に待っているだけでいいのかな……。
平川：確かに。それに、システムに詳しいメンバーばかりではないので、きちんと
　　　レビューできる体制が組めないかもしれません……。
和田：うちとしては、どう取り組めばいいのだろう。

　新サービス系 DX プロジェクトの場合、サービスのリリースを迎えるというのはゴールではなく、スタートラインに立ったにすぎません。まずサービスをリリー

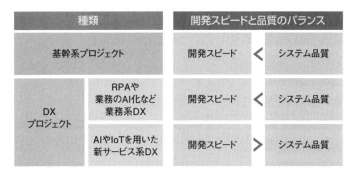

図1 開発スピードと品質のバランスはプロジェクトによって異なる

スし、利用者の反応を見ながら改善するのがあるべき姿です。つまり開発期間を長く取り、リリースを悠長に待つのは得策ではありません。

　もちろん、一定の開発期間は必要です。新サービスの場合でも品質は求められますから、それを満たすにはそれなりの時間がかかります。ただ、プロジェクトのメンバーが品質確保に貢献できるかというと、そうでもありません。DX プロジェクトにアサインされるメンバーのうちシステム部門以外の人は、システム開発自体に不慣れです。これらのメンバーが、ベンダーの報告や成果物を基に、品質確保の役割の一端を担うのは難しいのが実情です。

　どのようなシステム開発でも、開発スピードと品質は共におろそかにはできません。しかし基幹系システム開発プロジェクトと DX プロジェクトでは、両者のバランスが大きく異なります（**図1**）。また同じ DX プロジェクトでも、内容によって考え方は異なります。それぞれについて見ていきましょう。

どこまで品質を求めるかはプロジェクトによって違う

　まず基幹系システム開発の場合。一例として、携帯電話の契約業務システムを刷新するプロジェクトを考えてみましょう。この場合、新規契約受付画面や契約状況確認画面といったフロントエンド機能開発や、契約情報の顧客情報管理システム連携や契約情報取得といったバックエンド機能の開発などを行います。

　このような基幹系システムの刷新や改修の場合、既に業務が動いている中でのシステム変更になります。その状況で低品質のシステムをリリースしてしまうと、

せっかく問題なく進んでいた業務を止めることにつながります。つまり、基幹系システムプロジェクトの場合は、開発スピードを優先するのではなく、既存業務に大きな影響を与えないよう品質を高めた上で、システムをリリースすることが求められるケースが多いのです。

　次に、RPA を導入する業務系 DX プロジェクトの場合はどうでしょうか。この場合も基幹系システムと同じように、既存の業務がある中でのシステム開発となります。したがって、業務に影響を与えないレベルまで品質を作り込み、高品質のシステムリリースを心掛けることが大切なケースが多いでしょう。

　これに対して新サービス開発系の DX プロジェクトでは、システムリリースはスタートラインです。リリース後すぐに、多くのサービス利用者を獲得して軌道に乗ればよいですが、そんなにうまくはいきません。一般的には、A/B テスト、サービス利用状況の確認を繰り返すといった地道な改善をしながら、サービスを育てていくことになります。

　スピードも重要です。他社が簡単に追従できないような革命的なサービスであれば問題ありませんが、そんなサービスは珍しいでしょう。サービスのスタートが遅くなれば、それだけ競合相手が増えることにもなります。

　したがって、競合他社が少ないブルーオーシャンの中でサービスを軌道に乗せるには、「スピード重視で開発する」「できるだけ早くサービスをリリースする」「サービスを育てる期間をできる限り長く確保する」の 3 つが大切です。

　では、品質はどの程度まで担保しておけばいいのでしょうか。このようなサービスは、アプリストアのレビューや SNS で、評価が一瞬のうちに拡散されるという特徴があります。高評価であればよいのですが、使い勝手が悪かったり、不具合があったりすることもあります。これが続くと、いくらサービスを育てようとしてももはや取り返しがつかない状態に陥ります。つまり、サービスのうち利用者に直接触れる部分の品質だけは決しておろそかにできません。

開発プロセスを絞り込む

　ここからは、新サービス開発のスピードを短縮するためのポイントと、最低限確保すべき品質、それを担保するために発注側（今回の例では JQ ベーカリー）ができることについて考えていきます。

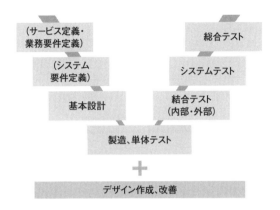

図2 新サービス開発系プロジェクトで必要なプロセス

表1 新サービス開発系プロジェクトの各工程の概要

工程	工程の概要（機能面）	主担当
基本設計	要件を整理し、機能の分割単位定義する。また各システム間、フロントエンド・バックエンド間のインターフェース定義及び各機能の処理ロジックを決定する	エンジニア
製造・単体テスト	共通処理等を考慮しながら、各機能を更に細分化、プログラミング言語を用いてプログラムを作成する。また最小単位で処理の動作確認を行う	エンジニア
内部結合テスト	システム内の相対する機能を結合し、処理の動作確認を行う（フロント画面/API間の連携動作確認など）	エンジニア／テスター
外部結合テスト	システム間の相対する機能を結合し、処理の動作確認を行うファイル連携元／先のバッチ処理連携動作確認など）	エンジニア／テスター
システムテスト	システム内外の全ての機能を連結し、一連の処理の動作確認を行う	エンジニア／テスター
総合テスト	システム内外の全ての機能を連結し、業務シナリオに即して、一連の処理の動作確認を行う	発注者
デザイン作成・ブラッシュアップ	主にサービス利用者が利用するフロント画面について、デザイナーがデザインを作成する。また、InVisonやSketch等のデザインツールを使って各画面、画面間遷移の確認、ブラッシュアップを行う	デザイナー／発注者

　要件定義以降のシステム開発のプロセスには、設計、製造（プログラミング）、テストと大きく3つの工程があります。スピードを重視し、リリースまでの期間を短くするには、「プロセス自体の絞り込み」と「各プロセスの期間の短縮」が

必要です。

　5-1 ではまず、プロセス自体の絞り込みについて具体的に説明していきます。なお、各プロセスの実際の作業は IT ベンダーが担うものなので、発注者の立場の人が細かく理解する必要はありません。「ベンダーはこんな作業をしているのだな」というイメージを持っていただければ十分です。

　新サービス系の DX プロジェクトで筆者が必要と考えるプロセスを**図 2**、**表 1**に示しました。ウオーターフォール開発におけるいわゆる V 字型モデルをベースにしたプロセスになっていますが、DX プロジェクトの特徴に合わせて少し変えています。このプロセスのポイントは、以下の 3 点です。

（1）アジャイルではなく、あくまでウオーターフォール開発がベースである
（2）詳細設計やプログラム設計工程を省略する
（3）デザイン作成／改善の工程を明確に定義する

　それぞれのポイントについて見ていきます。

ウオーターフォール開発がベースとなる理由

　まず（1）については、「スピード重視であればアジャイル開発の方がいいのではないか」と思う人もいるでしょう。ただ、要件定義以降のプロセスを考えるとそうとも限りません。

　第 1 章でも触れましたが、アジャイル開発を成功させるための前提条件を振り返ってみます。

【プロジェクト内容】
①開発規模が大きくないこと
②ミッションクリティカルでないこと

【チーム体制】
③プロダクトオーナーがいて意思決定ができること
④生産性が高いエンジニアが確保されていること

　新サービス開発の場合、②のミッションクリティカルではないこと、③のプロダクトオーナーがいること、の2つは満たしているプロジェクトが多いでしょう。ただ、①開発規模が大きくないこと、④生産性が高いエンジニアが確保されていること、の2つには課題がある場合がほとんどです。

　PoCを終えて本格的なサービス実現に向けたシステム開発に入ると、フロントエンド、バックエンド、管理機能を開発していく必要があります。開発規模が比較的大きくなり、その分多くのエンジニアを必要とします。こうなると、生産性が高いエンジニアだけを集めるのは困難です。

　仮に規模がさほど大きくない場合でも、社内の業務システムや会計システム、クレジットカード決済基盤といった社外システムとの連携が必要な開発が多くなります。社内外の関係者との調整やシステム連携部分の開発、双方が接続された状態での品質確認などを実施する必要があり、基本設計や外部結合テストといった工程を丁寧に進めなくてはなりません。そのため、ウオーターフォール開発の方が親和性が高いのです。

　その一方で、(2) のように詳細設計やプログラム設計は省略します。ウオーターフォール型開発では必須に思えますが、なぜ省略できるのでしょうか。答えは、これらの工程はITベンダー内で完結するからです。

　詳細設計やプログラム設計は、要件が確定し、社内外のシステムとの仕様の調整が完了していることを前提に、保守性が高く効率的な処理をどのように作ればいいのかを考えることが目的になります。もちろんこの工程は不要とは言いませんが、スピード重視の場合、あえてドキュメントは作らずに実装（プログラミング）するエンジニアに任せられます。設計をしながら実装を進めれば、その分スピードが上がります。第1章でも触れましたが、仕様の整合性はとったうえで、このような部分に限定して部分的なアジャイル開発を取り入れてもよいでしょう。

デザイン作成／改善の工程を明確化する

　デザイン作成／改善は、エンジニアではなくデザイナーのタスクです。プロジェクトの中でのデザイナーの人数はエンジニアに比べて少ないのが一般的ですし、クリエイティブな作業であるため、タスク管理をデザイナーに任せきりにしてし

まうケースがあります。

　しかしこれは危険です。新サービス系 DX プロジェクトでデザイン計画作成や進捗確認を怠ると、プロジェクト全体のスケジュールが大きく遅延するリスクが高まります。

　要件定義時点では、基本的にはワイヤーフレームを使ってフロントエンド画面のイメージを共有しながら、UI/UX の検討をします。基本設計以降は、このワイヤーフレームを土台にして具体的なデザインを作っていきますが、ワイヤーフレーム自体を変更したいといった要望が挙がることがあります。

　UI/UX の向上につながる以上、その要望を取り込むことは大切です。色味の変更といった単純な要望であれば、簡単対応できるかもしれません。しかし、表示の仕方や表示内容にまで影響するような変更をしたい場合、ソースコードの修正が必要なケースも発生します。

　こうした中で、デザインタスクの計画（デザイン作成の順番やドラフト作成予定、

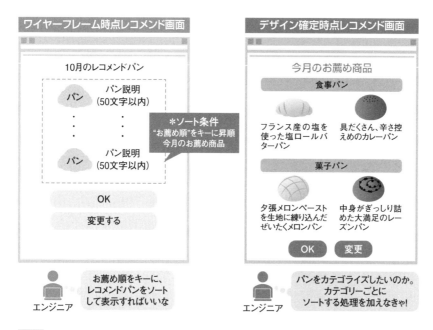

図3 画面デザインの質を高めていく

発注者によるレビューのタイミングなど）が不明確のまま進めると、予定通りデザイン作成や開発が完了しないといった事態に陥りがちです。UI/UX を十分に確認できないままリリースを迎えたり、リリースを延期せざるを得なくなったりもします。

　したがって、新サービス系 DX プロジェクトでは、開発計画と同様にデザインタスクの計画を作成する必要があります。この計画に沿って、発注者とデザイナーの間のやり取りを進めることがとても重要です。

　なお、詳しくは後述しますが、画面デザインのレビューは発注者にとって重要な役割の 1 つです（図 3）。画面というある意味分かりやすい成果物を確認し、その品質をデザイナーと共に高めていく作業は、サービスの UI/UX を大きく左右するからです。

5-2　成果物と発注者のレビューポイント

必要な設計書を明確化する レビューに必須な2つの観点

効率的な開発のためには、各工程の成果物を最低限にし、観点を明確にしたレビューを実施することが重要だ。成果物は、サービス利用者の目線で使いやすいか、将来発生し得る変更に対応できる設計になっているかを確認する。

　開発スピード向上のためには、プロセスごとに期間を短縮することも重要です。最も効果的なのは、各工程で作成する成果物（ドキュメントなど）を最低限にすることです。成果物のレビューも、参加者ごとのレビューの観点を明確にし、意味のあるもののみ実施するべきでしょう。

　設計工程を中心に、新サービス系 DX プロジェクトで最低限作るべき成果物とは何か、そしてこれらの成果物を発注者であるユーザー側がどのような視点でレビューすればよいのか説明します。

新サービス系DXプロジェクトの設計成果物

　ウオーターフォール開発では、要件定義／設計工程までにどれだけ精緻に仕様を詰めたかが、システムの品質を大きく左右します。スピード重視の新サービス系 DX プロジェクトとはいえ、最低限の設計書の作成は必要です。

　設計書は、大きく2種類に分類できます。

①インターフェース（IF）定義書：各機能のデータ入出力に関わる情報を記載
②処理定義書：各機能を実現する具体的な処理ロジックを記載

　スピード重視の新サービス系 DX プロジェクトでも、①の IF 定義書は必ず作成します。一方で②の処理定義書はある程度簡素化し、プログラミングを担当するエンジニアに任せることも可能です。

　もう少し具体的に説明しましょう。① IF 定義書、②処理定義書に含まれるド

キュメントには、以下のようになります。

＜IF定義書の具体例＞
・外部IF定義書：新システムと既存システム間のIFを定義
・内部IF定義書：主にフロントとバックエンド間のIFを定義
・テーブル定義書：主にバックエンドの処理間でのIFとなりうる情報を定義

＜処理定義書の具体例＞
・フロントエンド基本設計書：フロントエンド画面内での処理を記載（ボタン押
　下時の挙動など）
・API処理設計書：入出力情報を基に、API自体の処理ロジックを記載
・バッチ処理設計書：入出力情報を基に、バッチ自体の処理ロジックを記載
・管理画面基本設計書：管理画面内での処理を記載したもの（データの正誤チェッ
　クなど）

　IF定義書はその名の通り、複数の機能の「接点情報」を定義します。例えば外部IF定義書は新システムと既存システムの接点情報を定義するもので、異なるシステム間（それぞれを開発するベンダー間）の意思疎通を図るために重要です。
　内部IF定義書は、フロントエンド機能とバックエンド機能などの接点情報を定義します。役割が大きく異なるフロントエンジニアとバックエンドエンジニア間の意思疎通を図るのに必要です。
　こうしたIF関連の設計成果物の作成をないがしろにして進めると、システム全体を接続したときに想定通り動かず、ベンダー間やエンジニア間で機能分解点やIFの再調整、ソースコードの再修正が必要になります。その結果、当初の予定通り開発を完了できず、計画を見直さざるを得なくなります。IF関連の設計書は、基幹系システムの開発同様にきちんと作る必要があるのです。
　一方、処理定義書はどうでしょうか。処理定義書とは、入出力情報が決まっていることを前提に、「要件定義書通りに実現する処理（ロジック）」を記載したものです。つまり要件定義書さえしっかり記載していれば、その答えは要件定義書

に記載されています。

　もちろん、要件定義書に書ききれないこともあります。分岐処理のコントロールの仕方（分岐の条件を設定ファイルに書いておくのか、分岐処理自体をプログラミングしてしまうのかなど）や、エラー発生時の処理などです。ただし、全体的な処理の流れ（処理シーケンス）やその中での処理の概要だけ書かれていれば、あとの詳細事項は実装に任せることも可能だと筆者は考えています。

サービス利用者の目線で使いやすさを確認

　次に、発注者であるユーザー側が確認すべきことについて考えてみましょう。IT ベンダーが作成した IF 定義書や処理設計書を、ユーザーはどこまでレビューすべきなのでしょうか。

　基幹系システム開発の場合、こうした成果物は情報システム部門がレビューします。情報システム部門は IT の専門家なので中身を理解できます。一方でサービス開発系の DX プロジェクトの場合、マーケティングや商品企画の部門から参画するメンバーも多くいます。そうしたメンバーは、レビューどころか書かれている内容を理解することも難しいのが現実です。

　では、このようなメンバーはどのような点を確認すればよいのでしょうか。筆者は、以下の 2 つの観点でチェックすれば十分だと考えています。

・利用者の使いやすさ（つまり UI/UX）を考慮した設計を心掛けているか
・運用しやすい設計を心掛けているか

　それぞれ、具体例を基に説明します。まず、サービス利用者の使いやすさを考慮した設計について、JQ ベーカリーのパン注文受付処理を例に考えてみましょう。パンの注文受付には、以下の 3 つのステップがあるとします。

①サービス利用者から注文情報を取得する
②注文した情報を基幹系システムである受注管理システムに伝える
③サービス利用者に注文受付完了を通知する

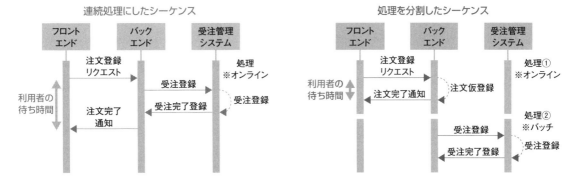

図1 処理を分割したシーケンスでサービス利用者の待ち時間を短くする

　このときに UX を向上するには、①〜③の時間を短くして、サービス利用者を待たせないことが重要です。その観点で見てみると、②の処理は直接サービス利用者には関係ないことが分かります。

　UX 改善というのは秒単位の戦いです。通知を1秒早くするだけでサービス利用者の満足度が上がり、リピート客として再注文してくれるかもしれません。

　この例では、ユーザー側は UI/UX の視点で設計書（特にシーケンス）を確認します。サービス利用者に関係ない②の処理を見つけたら、「②の処理を③の前に実行する必要はありますか？」、もしくは「注文ボタンを押してから完了通知を表示するまでどのくらいかかりますか？もっと短くすることはできますか？」と質問することが大切です。

　これらの質問さえできれば、その指摘を基に IT ベンダーが妥当な処理を考えてくれるでしょう。例えば、注文情報の取得から受注管理システムへの受注登録、注文完了通知を連続処理にするのではなく、注文仮登録の処理を設けることによって処理を分割し、利用者の待ち時間を短くできるかもしれません（図1）。

　つまり、発注者であるユーザー側が答えを考える必要はありません。常にサービス利用者の目線に立ち、使いやすさに影響を与えるようなポイントがないかをできる限り確認するよう心掛けるとよいでしょう。

将来の変更可能性を考えながら設計をレビュー

　次は、運用しやすい設計について見てみます。こちらは、JQ ベーカリーの注文時間制御処理を題材にします。

　JQ ベーカリーの新サービスでは、注文受付時間を「毎日朝8時〜夕方6時まで」として要件を確定したとします。これをシステムとして実現する場合、以下の2パターンが考えられます。

①毎日朝8時〜夕方6時を固定値としてプログラミングする
②注文受付開始時刻、注文受付終了時刻を変数としてプログラミングする（変数は設定ファイルから取得する）

　どちらで実装した場合でも、要件を満たすことは可能です。ただ、サービス開始後に思ったより注文が多く、生産ラインにも問題ないことが分かれば、受付時間を延長したいという要望が上がることも考えられます。このような場合、②で実装していれば設定ファイルを直せば済みますが、①の場合プログラミングをし直す必要があるため修正が大変です。

　このように将来発生するであろう変更要望は、ビジネスや業務に詳しいユーザー側の方が IT ベンダーよりも容易に想像できます。設計レビューの際には、今後変更する可能性を考えながら、それに耐えられる設計になっているかを確認、質問をすることが必要です。

　最近では、スマートフォンアプリ開発の場合にこの点を意識する必要があります。特に iOS 向けのアプリでは、変更に当たりスマートフォン側のアプリ（フロントエンドアプリ）の再リリースが必要か、バックエンド側（サーバサイド）の処理変更や設定ファイルの変更だけで済むのかは、とても大きなポイントです。iOS では、米アップル（Apple）によるアプリ審査や、各端末上でのアプリのアップデートが必要になります。

　例えば JQ ベーカリーのアプリのお薦め商品表示機能の場合を考えてみましょう（**図2**）。バックエンド処理で選んだレコメンド商品の並び順を変えたいとします。この場合、バックエンドに並び替え機能を持つ機能分解パターン①であれば、

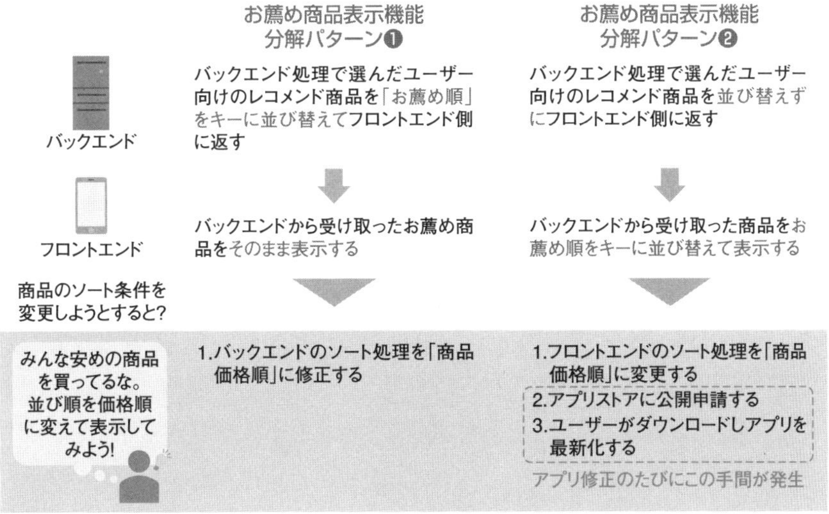

お薦め商品表示機能
分解パターン**❶**

お薦め商品表示機能
分解パターン**❷**

バックエンド

フロントエンド

バックエンド処理で選んだユーザー
向けのレコメンド商品を「お薦め順」
をキーに並び替えてフロントエンド側
に返す

バックエンドから受け取ったお薦め商
品をそのまま表示する

バックエンド処理で選んだユーザー
向けのレコメンド商品を並び替えず
にフロントエンド側に返す

バックエンドから受け取った商品をお
薦め順をキーに並び替えて表示する

商品のソート条件を
変更しようとすると?

みんな安めの商品
を買ってるな。
並び順を価格順
に変えて表示して
みよう!

1.バックエンドのソート処理を「商品
価格順」に修正する

1.フロントエンドのソート処理を「商品
価格順」に変更する
2.アプリストアに公開申請する
3.ユーザーがダウンロードしアプリを
最新化する

アプリ修正のたびにこの手間が発生

図2 アプリの機能分解パターンによってアプリの修正、公開プロセスは変わってしまう

バックエンドのソート処理を修正するだけでよく、フロントエンドのアプリを更
新する必要はありません。

　一方、バックエンド処理で選んだレコメンド処理を並び替えずにフロントエン
ドのアプリに渡す機能分解パターン②の場合は、並び順を変更するためにフロン
トエンドアプリの機能を変更し、アプリストアに公開申請する必要があります。
フロントエンドの機能修正が発生した場合、最新アプリを各サービス利用者の端
末にインストールしてもらうまでには時間がかかってしまうのです。

　発注者であるユーザー側は、どんな修正を加えたらアプリの再リリースが必要
なのか、再リリースせずにできる修正とは何なのかを理解して、設計をレビュー
することが必要です。

5-3　発注者の役割とリリース判定の実施法

デザインは即断体制を作る
改善点一覧でリリース判定

設計フェーズ以降の発注者であるユーザー側の役割は、成果物のレビュー以外にもいろいろある。デザイン確定を即断できる体制は不可欠だ。またベンダー間の役割分担の調整や本番用データの整備も発注者の重要な役割である。リリース判定は改善点をリスト化した一覧を基に実施する。

　5-1、5-2 では、IT ベンダーによる作業の概要とその成果物確認におけるユーザーの役割について説明してきました。では、これ以外に発注者であるユーザーに必要な役割はないのでしょうか。

　もちろんそんなことはありません。むしろ、前述した設計成果物の確認は、DX プロジェクトに慣れた IT ベンダーであればある程度任せておいてもそれほど問題はないでしょう。また成果物を的確にレビューするには一定の経験も必要なので、発注者であるユーザー側はできる範囲で取り組めば十分です。

　ではユーザー側は何に力を入れるべきなのか。設計工程以降で必要となる、発注者ならではの役割について説明します。

デザインと仕様変更の即断即決体制を作る

　ユーザーならではの重要な役割の1つがアプリケーションのデザイン確定です。設計成果物とは異なり、デザインには明確な正解はありません。とはいえ、当然ながら新サービスのリリース時点ではデザインを1つに決定する必要があります。

　正解がないということは、関係者それぞれが異なるイメージを持っているということです。これらのイメージのすべてをデザイナーに伝え、デザイン修正を繰り返すような進め方をしていては、スケジュール通りのリリースが難しくなります。

　このような事態を避けるため、ユーザー側には以下の3点が求められます。

・デザイン確定に向けた現場責任者を明確にし、権限を委譲する
・デザインに一貫性を持たせるため、トンマナ（「トーン＆マナー」の略。雰囲気や色味など）を現場責任者とデザイナーの間で合意する
・全てのデザインを現場責任者が確認し、デザイナーとの間で合意する

　特に、1つめの責任者への権限移譲がとても重要です。権限移譲をしない場合、現場で決めたデザインが別の意見により覆されやすくなるため、時間がかかり一貫性もないデザインになりがちです。まずは、適切なメンバーをデザイン現場責任者として明確にし、そのメンバーが責任を持って調整を進めていく役割が発注者であるユーザー側に求められるのです。

　デザインだけではなく、仕様変更についても同じことが言えます。開発の現場では、要件定義までに決めきれていない仕様があったり、時間や技術の面から実現が難しいため仕様の一部を変更したいという希望が挙がったりすることがあります。それらすべてを社内の関係者全員に確認しながら進めると非常に時間がかかり、スケジュールが遅れます。

　このような事態を避けるためにも、リリース時の仕様を判断する現場責任者を明確にし、権限を委譲する体制を築きます。そのメンバーが責任を持って推進できるような体制作りをすべきです。

　なお、ここでいう現場責任者は、プロダクトオーナーであれば最も効率が良いでしょう。プロダクトオーナー1人がデザインも仕様もすべて決めるのが、スピードやコミュニケーションコストが不要な面でもベストです。

ITベンダー間の役割分担を調整

　発注者であるユーザー側のもう1つの重要な役割は、複数の協力会社間の役割分担の調整です。

　JQベーカリーの例でも挙げましたが、一定以上の規模のシステム開発では、社内の基幹系システムや社外システムとの連携が必要になります。このとき、連携機能をどちらのベンダーが構築するのか、その役割分担で調整が必要になることがあります。

　特に基幹系システムと連携する場合は問題が起こりがちです。スピード重視の

サービス開発と、品質重視の基幹システム開発では、連携部分をどちらがどう開発するかでもめることが少なくありません。その調整をベンダー任せにすると、双方の主張が平行線をたどり、なかなか前に進みません。

発注者であるユーザーは IT ベンダーの間に立ち、「システム全体としてのあるべき姿」「開発期間」「開発コスト」を確認しながら、最終的な役割分担を決定する必要があります。

本番用のデータを整備する

新サービスをリリースする際には、商品画像、商品名や金額をまとめた商品マスター情報、クーポン情報やバナー情報など、さまざまな本番用データが必要になります。このデータの整備も、ユーザー側の大きな役割の 1 つです。

商品系情報であれば商品企画部、クーポンやバナー情報であれば広告宣伝部やマーケティング部など、これらのデータは社内の複数の部門が協業しながら作っていくことになります。そのため、最終的なデータはユーザー側でしか作れません。スケジュール的には、遅くとも受け入れテストまでに準備する必要があります。設計以降の段階では、ユーザー側の作業のうちのかなりの部分をこうしたデータ整備が占めるでしょう。

筆者の経験上、新サービス系 DX プロジェクトでは、これらのデータはかなり早期に必要とされます。IT ベンダー側のテストフェーズ、具体的には内部結合テストの中盤には提供を依頼されることも珍しくありません。本番用データを用いてベンダー側にもテストしてもらうことで、想定できていなかったテストケースを実施でき、不具合の早期発見が可能になります。

経営層や関係者に状況報告する

基幹系システム開発同様、経営層や社内の関係者への定期的な状況報告はとても重要です。

特にデザインや仕様変更の内容は、現場責任者に権限移譲してはいても、関係者には定期的に報告しておくべきです。リリース時点のサービスのイメージを経営層や関係者にできる限り具体的に想像しておいてもらいます。こうすることで、発注者であるユーザー側がサービスに本格的に触れられる総合テストや受け入れ

テストのタイミングでの修正を少なく抑えられます。このため、計画通りリリースを迎えられるようになります。

信頼し合える環境づくりを心掛ける

ユーザーの役割と言えるかは分かりませんが、信頼し合える環境づくりを心掛けることも大切です。

システム開発は、発注者であるユーザー企業と受注者であるITベンダーが協力して進めます。しかし発注者と受注者という立場上、対等な関係にはなりにくいものです。ただ、対等な関係を持てない状態でシステム開発を進めた場合、ITベンダー側はプロジェクトで発生した問題を隠してしまいがちです。

ここまで解説してきた通り、新サービス系DXプロジェクトでは、デザイン調整や仕様変更の即断即決など、ユーザーとITベンダーが双方に知恵を出し合いながら作り上げていきます。問題が起こったときにも一緒に解決する姿勢を保ちながら、ITベンダー側が相談しやすい環境づくりをすることが重要です。

改善点をリスト化してリリース判定する

最後に、実装が終わったサービスのリリース判定について触れておきましょう。一般的な基幹系システム開発では、各工程終了時にテスト密度やバグ密度、バグ収束曲線などの品質指標を用いた品質評価をします。リリース判定時には、これらに加えてカットオーバーしてよいかどうかの判断基準を定義し、不足がないかを最終チェックします。

成熟したITベンダーが開発する場合や、一部機能の追加といった開発であれば、これらの指標や判断基準には意味がありますし、それを用いた評価は効果的です。しかし、新サービス開発系のDXプロジェクトでは、あまり役に立ちません。新サービスですから、その指標や判断基準を新しく作り、初めてそれを用いて評価することになります。これでは、この指標を満たすことがリリースの判定基準として十分かどうかも分からないのです。

では、発注者であるユーザー側は何をもってリリース判定をすればいいのでしょうか。筆者は、以下の2点だと考えています。

・出来上がったサービスを利用者目線でできるだけ多くの関係者が使ってみる。その上で改善点を洗い出し、リスト化する
・改善点や不具合の修正が完了していることをリストで確認する。不具合が残っている場合はリリース後の対応とし、それを現場責任者と合意する

　ユーザーは、そのサービスの要件や利用者のことをITベンダーよりもよく知っています。できるだけ多くの発注者側の関係者がサービスに触れることで、UI/UXの品質を向上させることが可能です。できれば、内部結合テストの後半やシステムテストのタイミングから発注者側もサービスを使ってみて、改善点を洗い出しリスト化することが大切です。

　この改善点一覧リストと、システムテスト以降に発生した不具合一覧を基に、リリース時の仕様を明確化します。このリストがリリースチェックリストになります。リリース判定時は、このチェックリストを基に対応状況を1件ずつユーザー側でも確認します。すべて完了した段階でリリース可能と判断するとよいでしょう。

　なお、「内部結合テストやシステムテストの段階からユーザー側もサービスを使ってみる」「システムテスト以降に発生した不具合一覧を共有してもらう」といったことをスムーズに進めるには、発注者であるユーザーとITベンダーの間に信頼関係が不可欠です。スピード重視とはいえ、設計以降の工程にも数カ月ははかかります。ユーザーとITベンダーが一体となって、より良いサービス作りをしていくことが大切です。

第6章

DXプロジェクトの
発注プロセス

6-1　なぜ一括発注はダメなのか

不確定要素を踏まえて発注
PMOは外部に任せるのも手

多様な人材が参加する DX プロジェクトでは、自社の人材だけでプロジェクトを進めることはまれである。協力会社を集めて遂行することが求められる。ただし協力会社への発注においては、一括請負はお勧めできない。DX プロジェクトは不確定要素が多いからだ。要件定義フェーズ以降は PMO 組織も必要になる。

　ここまで DX プロジェクトの進め方について、各フェーズごとの作業プロセスや成果物について説明してきました。第 6 章では DX プロジェクトを進めるときの発注プロセスについて解説します。
　DX プロジェクトが始まる前の JQ ベーカリー内での会話を見てみましょう。

和田：いよいよこれから DX を推進するわけだけど、平川さんは AI は詳しい？
平川：いえ、、聞きかじった程度ですね。
和田：企画もさることながら、戦略も投資・回収計画も作らないといけないね。
平川：経営企画部も、さすがにサービスの戦略とか計画を立てたことはないですしね。
和田：うちの会社だけじゃ進められないね、これは。

　プロジェクトの内容にもよりますが、DX プロジェクトでは一般的に多様な人材が必要になります。AI や IoT、ビッグデータなどのデジタル技術に詳しい人材、Web サービスの場合は UX ／ UI（ユーザーエクスペリエンス／ユーザーインターフェース）に強い人材、製品の場合はプロダクトデザインに強い人材などです。
　和田さんや平川さんが課題と感じている通り、自社だけですべての人材まかなえることはまれでしょう。そのため、協力会社を集めて DX プロジェクトを遂行することが求められます（**図 1**）。
　このとき、協力会社にどのように依頼をして、発注先の選定を進めていくべきでしょうか。DX プロジェクトの特徴を踏まえて説明していきます。

案件全体の一括請負発注をお勧めしない理由

　協力会社への発注の方法として、年度内の予算消化の目的でベンダーに一括請負で依頼するというのはよくある話です。依頼されたベンダー側は仕事がもらえるということを優先してしまいプロジェクトの内容を楽観的に捉えがちです。そのため深く考えずに請け負ってしまうということがよく起こります。

　しかしこれはお勧めしません。DX プロジェクトは不確定要素が多すぎるからです。大きな不確定要素をいくつか挙げていきましょう。

・構想フェーズでターゲットとするサービス利用者の種類や解決したい課題の内容などによって作るものが大きく異なる
・要件定義フェーズにおいて構想フェーズで定義した要求が変わり得る（増減がある）
・テストマーケティングの結果、サービス案の見直しが必要になる可能性がある
・PoC（概念実証）の結果、技術の見直しやサービス案の見直しが必要になる可能性がある

　つまり、プロジェクトのスコープもスケジュールもかなり変更が入る可能性があります。

　この変更が起こりやすい DX プロジェクトにおいて、一括請負で納品期限や予算枠を決めてしまうのはかなりリスクが高いといえるでしょう。期限までにプロダクトが作り終わらずに納品できないかもしれません。中途半端なプロダクトができて、結局作り直しになるかもしれません。

　基幹系システムの開発プロジェクトであれば、刷新計画などの構想フェーズから一括請負で発注することは不可能ではありません。既存システムのステップ数などからある程度大外れのない見積もりを出せるからです（もちろんリスクは残ります）。しかし DX プロジェクトは「革新的な」取り組みなので前例がなく、それが困難です。よしんば、開発会社側が類似開発事例を持っていたとしても、企業側の体制や保有しているデータ資産などによって、前提が大きく変わってしまうため、やはり一括請負でも受注はリスクが高いでしょう。

　結局DXプロジェクトは、何をどこまでできるのかという見込みがない状態で作業を始めることになります。

　発注者であるユーザー企業側の望みは「期限内に良いサービスを作ってもらう」ということです。しかし受注するベンダー側は「スコープも分からないからできる範囲でやる」という思いで作業をします。お互いの認識にこうしたギャップがある中でプロジェクトを一緒に進めても、目線が違うのでうまくかみ合いません。

　以上のことを踏まえると、構想フェーズからリリースまでを一括請負という形態で発注することはやめたほうがよいでしょう。プロジェクトのフェーズごとの特性に合った発注方法を考えるべきです。

　6-2で、フェーズごとの発注プロセスや協力会社の選び方については詳しく解説します。

PMO組織を設置する

　フェーズごとの発注を考えるうえで、検討したいのがPMO（プロジェクト・マネジメント・オフィス）組織の編成です。

　DXプロジェクトでは、要件定義やPoC、テストマーケティングフェーズから、複数の協力会社が登場してきます。そして要件定義の進め方で解説した通り、それぞれの会社の作業には依存関係が発生します。

　そのためプロジェクトを進めるに当たっては、依存関係を前提とした全体のスケジュール作成や各社の作業状況の適切な把握、各社間の連携がスムーズにいく

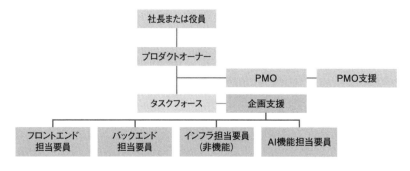

図1 プロジェクトの管理組織としてPMOを設置する

ような調整などが必要になります。

　つまり要件定義フェーズ以降では、PMO のような管理組織がプロジェクトに必要になるわけです（図1）。

　PMO はベンダーマネジメントだけでなく、社内の部署間の調整機能も担う必要があります。DX プロジェクトは関係者が多くなるため、やりたいことや作るものの説明、協力の依頼、確認の依頼など調整すべきことが非常に多くなります。

　それでは PMO 組織は誰が担当すればよいのでしょうか。発注側であるユーザー企業の情報システム部門が担当する場合、システム開発の段取りを理解していることはメリットです。しかし実際には、PMO を情報システム部門だけが担当するとうまくいかないことがあります。

和田：平川さん、プロジェクトの関係者が結構増えてきたので PMO をよろしくね
平川：はい、ベンダーマネジメントは得意なのでお任せください。
和田：マーケ部門や商品企画部門、業務部門にも今後はいろいろ依頼しないといけないね。
平川：うぅ……、ちょっと苦手なんですよ。
和田：なんで？
平川：普段からなかなか依頼したことの期限を守ってくれないし、情報提供もしてくれないことが多いんですよね。
和田：確かに彼らは普段からユーザー要件を出す側だしね。情シスはバグが出たら謝る立場だし、なんとなく力関係があるよね。

　このように大企業であればあるほど、情報システム部門よりもマーケティング部門、企画部門、業務部門のほうが力が強いことが多いようです。システムを開発する側よりも、システムを利用する側の方に発言権があるものです。また大企業には、部門のシマ意識や部門間の縦割り構造があるというのは、思い当たる読者も少なくないでしょう。

　こうした組織構造の下で情報システム部門が PMO を担当すると、周りの部署が言うことを聞いてくれない、結果、プロジェクトが前に進まないという事態が起こり得ます。

　そのため外部のコンサルティング会社や SI 会社などマネジメントが得意な会社に PMO の支援を求めるというのも 1 つの選択肢だと考えます。

　筆者の経験上、大企業の場合は外部の人間に対してのほうが、他の部門の人はコミュニケーションをとってくれやすい傾向にあります。利害関係がないこと、外部の人間に対してのほうが遠慮がある、というようなことが理由でしょう。

発注先の選定基準を明確に
構想フェーズは準委任を選ぶ

協力会社の選び方は、自社で不足している機能によって変わってくる。何が必要かの選定基準を押さえたうえで、それを得意とする会社を選ぶ必要がある。プロジェクトのフェーズによって発注方式を借ることも重要だ。構想フェーズには請負契約よりも準委任契約が向く。

6-2では、フェーズごとの発注プロセスや協力会社の選び方について詳しく解説します。

構想フェーズの協力会社の選び方

構想フェーズでは、企画作りや戦略立案、計画作成、ベンダーとの調整などの作業が必要になります。しかし、これらができる人材をタイムリーに用意できる企業は少ないでしょう。その場合は、企画面に強い会社に支援を依頼し、必要な企画支援要員を調達しなければなりません（**図1**）。

では、どのような会社に支援を依頼すべきでしょうか。候補となる会社と会社を選定する際に重視するポイントを**図2**に示します。

候補となる会社は、新規事業専門のコンサルティング会社、広告代理店／代理店系列のコンサルティング会社、戦略／ITコンサルティング会社、プランニング

図1 企画支援要員が必要になる

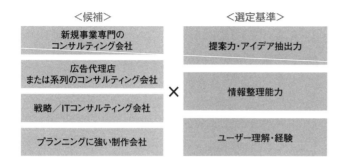

図2 構想フェーズの協力会社の候補と選定基準

に強い企画・制作会社などがあり得ます。

　ただしこれらの会社には一長一短があります。選定基準によって、選ぶ会社は変わってくるでしょう。選定基準は大きく分けて、提案力・アイデア抽出力、情報整理能力、ユーザー理解・経験、の3つが挙げられます。

　選定基準と併せて、どのような会社を選ぶべきかを見ていきましょう。

　1つめの選定基準である提案力・アイデア抽出力は言うまでもなく、構想フェーズの必須能力です。「要件を出してください、決めてください」と言ってしまうような指示待ちの姿勢の会社に支援を依頼しても、何も進みません。どんどん提案をしてくれそうな会社を選ぶべきでしょう。

　最近はアイデア出しの支援やアイデアの具体化を得意とする、デザイン思考やアイディエーション（アイデア出しの手法）を専門とする新規事業専門のコンサルティング会社などがあります。

　次に情報整理能力です。構想フェーズでは、まだいろいろなことが確定していない状況なので、アイデア、要望、思惑、市場調査結果など多くのインプット情報を取り扱うことになります。これらの情報をすべて同じく取り扱うことはリソースや時間的に困難です。また、構想を練る上で、本当に必要な情報は限られています。そのため方針や軸を決めて、取り扱うべき情報の優先度をつけるなどのロジカルシンキング力＝整理力が必要になります。このあたりは戦略／ITコンサルティング会社が強いところです。

　最後にユーザー理解・経験です。ここでいうユーザーはサービス利用者を指し

ます。構想フェーズでは、どのようなサービス利用者のどんな課題をどう解決するかを決めていきます。この作業では論理的な整理も重要ですが、やはりサービス利用者の理解が重要になってきます。消費者向けサービスであれば、自社が把握している統計的な顧客情報だけでなく、世代ごとの価値観の違いや地域性の違い、トレンド等の理解も重要になります。

　さらに、資料や情報だけで利用者を理解している人よりも、実際の利用者と触れる機会の多い人のほうが、得ている情報量は多く、情報の厚みも勝ります。利用者にとってより魅力的な企画アイデアを出せるでしょう。

　ユーザー理解・経験については、消費者向けサービスであれば、広告代理店、または系列のコンサルティング会社やプランニングを得意とする企画・制作会社が強いといえます。普段から消費者に接する機会が多いからです。

　一方で、企業向けサービスの場合は、企業向けの新規事業を得意としているコンサルティング会社、または担当営業などの自社のリソースを頼ったほうがよいかもしれません。

　実際問題として、すべての条件を兼ねそろえている会社というのは存在しません。そのため自社で不足している機能で、主に補ってほしいのはどこかを明らかにして、支援会社を選ぶべきでしょう。

　また構想フェーズではシステム開発の進め方や AI などのテクノロジーの知識も必要です。メインの協力会社に、IT/AI 人材の調達も依頼してしまったほうがよいでしょう（図 3）。いろいろな会社に並行で発注すると、会社間での調整をしたり、それぞれの会社に何回も同じような説明をしたりするなどのコミュニ

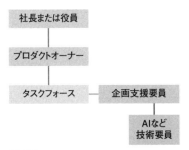

図3 AIなどの技術要員を調達する

ケーションコストが発生してしまいます。企画案の作成に集中するためにも、余計な作業コストが発生しない体制にすべきでしょう。

構想フェーズは準委任の発注が向く

　構想フェーズのメインの協力会社は準委任方式で発注するほうがよいと筆者は考えます。請負で発注する場合、受託側には作業スコープ以外の作業はやらないという心理が生まれます。しかし、構想フェーズは企画の検討が進むと作業が増えることは多々あります。

　例えば、構想フェーズ開始当初は、どの部署やシステムと調整が必要かは見えていないことが多くなります。しかし、企画内容が明らかになるにつれて、この部署と調整が必要、ということが見えてきます。また、関係者のレビューを進めているうちに新たな情報や前提条件が明らかになり、企画案を見直す必要があるというケースも考えられます。このような作業内容の変化に柔軟に対応できる発注方法にしておいたほうがよいと考えます。

　協力会社には極力発注者であるユーザー側の近くにいてもらい、気軽に仕事を依頼できる、相談できる環境を作るという面でも、準委任で発注するほうが適しているでしょう。

　ただし、構想フェーズで行う定量調査や定性調査など、作業スコープや納期が明確な作業は請負での発注になります。

要件定義／PoC／テストマーケティングフェーズの協力会社の選び方

　要件定義／ PoC ／テストマーケティングフェーズでは、構想フェーズで調達したメインの企画支援要員以外に以下のような要員が必要になります。

①フロントエンド（UI/UX）要員
②バックエンド（サーバーサイド）要員
③インフラ（非機能）要員
④ AI 機能要員

　また要件定義フェーズであっても企画の内容は変わっていく可能性がありま

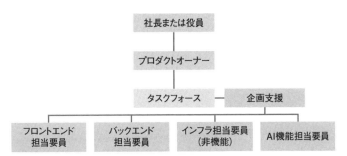

図4 要件定義／ PoC ／テストマーケティングフェーズで必要になる要員体制

す。そのため、企画支援の会社には継続的に支援を依頼する必要があるでしょう。プロジェクトの体制図は**図4**のようになります。

　上記に挙げた4種類の要員について、調達先と選び方を解説します。

フロントエンド要員の調達先と選び方

　フロントエンド要員は、企画・制作会社などから調達することになります。企画・制作会社はWebサイトやスマートフォンアプリのフロントエンドのUI/UXに強いというのが一般的な特徴です。バックエンド（サーバーサイド）開発の機能を持っている会社もあれば、持っていない会社もあります。

　発注先の選定時に見るべきポイントは、以下のようなものです。

・UI/UXのデザイン力（≒論理力）
・開発実績と最新の技術・機能を利用しているか
・担当者のリソース状況

　UI/UXのデザイン力があるかどうかは、論理を持ってUI/UXの設計を語れるかチェックするとよいでしょう。力のある会社・担当者は、提案する色使いやフォント、配置、動作などにすべて理由を説明できます。またその理由にも、人間工学的な要素、ユーザー理解に基づくものなど納得のいくものが多いのが特徴です。発注先選定時に、過去の実績について説明してもらい、どういう理由でそのUI/UXにしたのですか？と聞いてみるとよいでしょう。

　次に開発実績と最新の技術・機能を利用しているかです。スマートフォンアプリケーションの開発を行う際に、必ず考慮しなければならないのが OS の仕様・制約です。アプリケーションの審査時にどんな点をチェックされるのかをよく知っている会社であれば、初めからからリジェクトされるような機能を提案してくるリスクは低くなります。

　また例えば、iOS では GPS の利用ルールが OS バージョンアップのタイミングで変わったりします。さらに最近では、ダークモードの対応を必須化するなど、米アップル(Apple)がアプリに求める要件は様々です。これらの状況を常にウォッチできている会社を選択すべきでしょう。

　担当者のリソース状況も確認すべきです。優秀なディレクターや UI/UX デザイナーほど仕事が集中していて、結果としてスケジュールを守れないことが多くなりがちです。そのため、担当者になる人が今後、いくつのプロジェクトを並行して担当する可能性があるのかは確認しておくことをお勧めします。筆者の経験では、担当者が例えば 3 プロジェクト以上並行で作業をしていると、作業期日を守れるかどうかはかなり怪しいといえます。

バックエンド要員の調達先と選び方

　バックエンド要員は、フロントエンド要員を頼んだ企画・制作会社などにその要員がいればまとめて依頼したほうが効率的です。しかし該当する要員がいない場合は、システム開発会社や SI 会社から提案してもらう必要があります。

　システム開発会社や SI 会社には、実績はもちろんですが、過去に作成した設計書や仕様書などのドキュメントを見せてもらうとよいでしょう。しっかりした会社は、統一感や整合性のとれたドキュメントが出てきます。そうでない会社では、例えばファイル名がばらばら、設計書があったりなかったりする統一感がない状態のドキュメントが出てきます。

　スピーディーさを必要とする新サービス開発系のプロジェクトでは詳細設計書などの一部のドキュメントは作らないことが多いです。しかし、すべてのドキュメントが不要なわけではありません。新サービス開発系プロジェクトでは、基本設計の一部など、必要最小限のドキュメントを用意するので、体系的な設計・仕様書作成を理解したうえで、何がどのレベルで必要なのかを考えられる力が必要

になります。

ドキュメントの提供を受けられない場合は、成果物の一覧を提示してもらい、中身を説明してもらうことで代替できます。

また、分析画面などをBI（ビジネスインテリジェンス）ツールを用いて構築する場合は、BIに詳しい人材がいるかどうかもチェックポイントになります。

AI機能要員の調達先と選び方

AI機能要員はAIベンチャーやAI開発会社から調達することになります。企画・制作会社やシステム開発会社にはAI人材が少ないのが実態です。

AI開発会社は、画像解析やデータ分析、自然言語解析など、会社によって得意とする分野が異なる可能性があります。自社が利用する可能性のある分野に強い会社を選ぶべきでしょう。またAI開発会社の中には、昨今は大学で機械学習を学んだ学生が在学中に起業した、というような会社が少なくありません。これらの会社の人はビジネスの実務経験が少ないため、SI会社などに比べると、仕事の段取り、コミュニケーション、仕事の進め方などのビジネススキル面が弱いことがあります。

そのためAI開発実績だけでなく、窓口に立つ人がある程度ビジネス経験が豊富な人かどうかをチェックするとよいでしょう。

技術面では、様々なテーマの課題（分類問題、予測問題、生成問題など）に対応した経験がある会社や、KaggleなどのAI競技での入選実績などを見るとよいでしょう。

発注の方式は何が向くでしょうか。要件定義フェーズはまだ作業が流動的な側面があるので、準委任方式での発注のほうがよいといえます。例えばPoCやテストマーケティングの結果、どの程度の見直し作業が発生するかはなかなか予測できません。また要件定義中に、一部の要求を捨てたり、逆に新たな要求を追加したりする可能性もあります。要件定義フェーズも構想フェーズ同様に、かっちりと作業スコープが決められないのです。

なお、PoCの開発やテストマーケティングなど、期日やスコープが明確な作業は、一括請負のほうがよいでしょう。

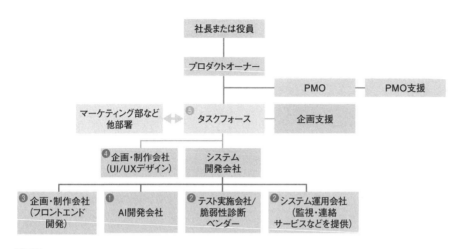

図5 設計フェーズ以降で必要になる要員体制

設計フェーズ以降の協力会社の選び方

　設計フェーズ以降の協力会社を含むプロジェクト体制は、基本的には要件定義フェーズと同じ体制になります。しかし一括請負になることから、会社単位での体制に変わっていきます（**図5**）。

　設計・製造に入ると、プログラムレベルでの仕様の整合性確保が重要になってくるため、AI の開発機能を持つ会社を横並びで管理するよりは、最も開発規模の割合の大きいシステム開発会社の配下につけてしまったほうが良いでしょう。自社で会社間の機能の整合性の品質を担保するよりも、システム開発会社に品質責任を持ってもらったほうが効率的です。

　テストフェーズに入ると、脆弱性試験を行うベンダーやテストのみを行う会社、システム運用を専業で行う会社などがプロジェクトに参加する可能性があります。これらの会社の役割はほとんど開発に関わるものなので、体制上はシステム開発会社の配下に置いたほうがよいでしょう。

　フロントエンドの開発はバックエンド側の API と仕様整合性を確保する必要があります。そのためバックエンドを担当するシステム開発会社の配下に置くとよいでしょう。

　一方で、UI/UX デザインは発注者であるユーザー側と密に関わるので、タスクフォースチームと契約すべきといえます。

　新サービスのプロモーションなど、マーケティングや広報に関わる部署や会社も関係してくる可能性があります。これらの部署や会社とは、ビジネス視点でのやり取りが必要になります。そのため、タスクフォースのメンバー、またはプロダクトオーナーが窓口になってやり取りすべきです。

支援会社の発注方法

　設計フェーズ以降は請負での発注でよいでしょう。要件定義フェーズ後は作るべきものをいったんは決めてあるはずなので、作業ボリュームを見積もりやすいからです。

　しかし設計フェーズ以降にも変更の可能性はあります。実際に製造してプロダクトを動かしてみると想定と違っていた、もっと良いアイデアが見つかったというのは往々にして起こり得ます。

　その問題に対処するための筆者のお勧めは、一部に準委任の要員を残しておくという方法です。発注先や契約の管理は複雑になるかもしれませんが、例えば、予算のうち９割は一括請負、１割は準委任とすることをお勧めします。こうすることで、ベンダー側も変更要求に対して準委任部分を用いて柔軟に対応できます。すべて請負の場合、ベンダー側はあまり変更を受け付けたがらなくなるため、サービスのブラッシュアップがしづらくなります。

　ベンダーと良い関係を築きながら良いサービスを作るためにも、発注方法にこのような工夫を入れるとよいでしょう。

おわりに

　最後までお読みいただき、誠にありがとうございました。

　本書は日経クロステック ラーニングの Web 講座として掲載された「DX プロジェクトの進め方」の各記事に加筆・修正して再構成したものです。

　これらの記事並びに本書では、筆者のこれまでの体験をなるべく体系的にまとめようと試みました。DX プロジェクトならではの体制の在り方、開発プロセスの在り方、開発プロセスにおける全体的な流れや役割、アウトプット、注意点などをご理解いただけたのではないかと思います。

　これで DX プロジェクトを徒手空拳で始めるという事態は避けられるのではないでしょうか。

　しかし、実際の DX の現場では、条件や環境がそれぞれ異なります。そのため、DX を成功に導くには、社内外の様々な人の協力を仰ぎながら、1 つひとつの課題に向き合い、解決していくことが求められます。

　そのときに必要になるのが、DX プロジェクトのリーダーの協力関係構築能力です。DX は企画の段階から、1 人の担当者の知識だけでは完遂しません。デジタル技術は日進月歩で進化するため、専門家の知識は欠かせないからです。また開発を進める中で、開発会社やデザイン会社の人と、アイデアを出し合いながら一緒に進めていく場面も多々あります。

　基幹系システム開発では、厳然とした上意下達の構造の下にプロジェクトが進められていました。要件を下に伝えていくという点では効率的な仕組みですが、要件がない DX プロジェクト中ではこのやり方では機能しません。

　だからこそ、社内外の人材をうまく活用できる力を持ったリーダーが必要と考えます。いきなりそんなことを言われても、と思うかもしれません。しかし、まずは姿勢からだけでも変える、これだけでも十分です。発注者、受注者という立場を越えて、DX に一緒に取り組む同志になるという意識を持つだけでも、成功の確度が変わってくるのではないかと思います。

　最後に、本書に執筆した内容の基になった多くのプロジェクトでの経験をご一緒したすべての皆さまに感謝します。とてもやりがいのある DX プロジェクトに携わる機会を与えてくださったクライアント企業の皆さま、一緒にプロジェクト

を乗り越えてきた協力会社の皆さまに心より御礼を申し上げます。そしてプロジェクトがどんなに忙しいときでも音を上げずに最大限の力を発揮してくれたJQ社員にも感謝の気持ちでいっぱいです。

　本書の執筆・編集に当たり多大なるご支援とご尽力をいただいた日経クロステックの八木玲子副編集長、森重和春副編集長にも、厚く御礼を申し上げます。お忙しい中でも、しっかりと記事の内容をご確認いただき、また時に励ましていただき、おかげさまで執筆を終わらせることができました。ありがとうございました。

2020年3月
株式会社JQ
代表取締役社長 下田幸祐
取締役 飯田哲也

著者紹介

下田 幸祐（しもだ こうすけ）

JQ 代表取締役社長

2001 年、早稲田大学政治経済学部卒業。アクセンチュアに入社し、官公庁本部で大規模開発プロジェクトにおける開発やプロジェクト推進、情報化戦略計画策定など幅広い業務に携わる。2007 年、マネジャー昇進後に退社し起業。自社 Web サービスの企画・開発・運営を行いつつ、大手企業の新規事業の戦略立案、アプリやシステム開発プロジェクトのプロジェクトマネジャーを歴任。得意領域は AI・IoT を活用したサービス開発などの DX 案件や、新事業・サービス案件、デジタルマーケティング基盤構築案件など。

飯田 哲也（いいだ てつや）

JQ 取締役 プロジェクトマネジメント事業部 シニアマネージャー

2008 年、慶応義塾大学大学院理工学研究科卒業。NTT データ、NTT データ経営研究所を経て、2017 年 JQ に参画。同年、同社取締役に就任。BARREL PARTNERS 代表取締役。大規模マルチベンダー開発からスマートフォンアプリ、Web サービス開発まで、多数の開発プロジェクトに従事。近年では、様々な企業のデジタルマーケティング施策実現に向けた構想策定、同プロジェクト開発推進を手掛ける。

企画立案からシステム開発まで
本当に使える DXプロジェクト の教科書

2020 年 3 月 30 日　第 1 版第 1 刷発行

著　　者	下田 幸祐、飯田 哲也
発 行 者	望月 洋介
編　　集	日経クロステック ラーニング
発　　行	日経BP
発　　売	日経BP マーケティング
	〒 105-8308
	東京都港区虎ノ門 4-3-12
カバーデザイン	葉波 高人（ハナデザイン）
デザイン・制作	ハナデザイン
印刷・製本	図書印刷

ⓒ Kosuke Shimoda,Tetsuya Iida　2020
ISBN 978-4-296-10558-8　Printed in Japan